21 世纪全国普通高等院校美术·艺术设计专业
“十三五”精品课程规划教材

The “Thirteen five-year” Excellent Curriculum for Major in The Fine Art
Design of The National Higher Education Institution in 21st Century

Digital Camera Basis Course

数码摄影基础教程

编著　方维源　黄莓子　黄　斌　郑晓东

辽宁美术出版社
Liaoning Fine Arts Publishing House

图书在版编目（CIP）数据

数码摄影基础教程 / 方维源等编著. — 沈阳 ：辽宁美术出版社，2016.10（2018.5 重印）
21世纪全国普通高等院校美术·艺术设计专业“十三五”精品课程规划教材
ISBN 978-7-5314-7507-1

Ⅰ. ①数… Ⅱ. ①方… Ⅲ. ①数字照相机－摄影技术－高等学校－教材 Ⅳ. ①TB86②J41

中国版本图书馆CIP数据核字（2016）第243107号

出版发行　辽宁美术出版社
经　　销　全国新华书店
地址　沈阳市和平区民族北街29号　邮编：110001
邮箱　lnmscbs@163.com
网址　http：//www.lnmscbs.com
电话　024-23404603
封面设计　李香泫
版式设计　彭伟哲　薛冰焰　吴　烨　高　桐

印制总监
鲁　浪　徐　杰　霍　磊

印刷
辽宁新华印务有限公司

责任编辑　光　辉　童迎强　严　赫
责任校对　李　昂
版次　2017年1月第1版　2018年5月第4次印刷
开本　889mm×1194mm　1/16
印张　7
字数　230千字
书号　ISBN 978-7-5314-7507-1
定价　57.00元

图书如有印装质量问题请与出版部联系调换
出版部电话　024-23835227

21世纪全国普通高等院校美术·艺术设计专业
“十三五”精品课程规划教材

序 >>

「 当我们把美术院校所进行的美术教育当作当代文化景观的一部分时，就不难发现，美术教育如果也能呈现或继续保持良性发展的话，则非要“约束”和“开放”并行不可。所谓约束，指的是从经典出发再造经典，而不是一味地兼收并蓄；开放，则意味着学习研究所必须具备的眼界和姿态。这看似矛盾的两面，其实一起推动着我们的美术教育向着良性和深入演化发展。这里，我们所说的美术教育其实有两个方面的含义：其一，技能的承袭和创造，这可以说是我国现有的教育体制和教学内容的主要部分；其二，则是建立在美学意义上对所谓艺术人生的把握和度量，在学习艺术的规律性技能的同时获得思维的解放，在思维解放的同时求得空前的创造力。由于众所周知的原因，我们的教育往往以前者为主，这并没有错，只是我们更需要做的一方面是将技能性课程进行系统化、当代化的转换；另一方面，需要将艺术思维、设计理念等这些由“虚”而“实”体现艺术教育的精髓的东西，融入我们的日常教学和艺术体验之中。

在本套丛书出版以前，出于对美术教育和学生负责的考虑，我们做了一些调查，从中发现，那些内容简单、资料匮乏的图书与少量新颖但专业却难成系统的图书共同占据了学生的阅读视野。而且有意思的是，同一个教师在同一个专业所上的同一门课中，所选用的教材也是五花八门、良莠不齐，由于教师的教学意图难以通过书面教材得以彻底贯彻，因而直接影响到教学质量。

学生的审美和艺术观还没有成熟，再加上缺少统一的专业教材引导，上述情况就很难避免。正是在这个背景下，我们在坚持遵循中国传统基础教育与内涵和训练好扎实绘画（当然也包括设计、摄影）基本功的同时，向国外先进国家学习借鉴科学并且灵活的教学方法、教学理念以及对专业学科深入而精微的研究态度，辽宁美术出版社会同全国各院校组织专家学者和富有教学经验的精英教师联合编撰出版了《21世纪全国普通高等院校美术·艺术设计专业“十三五”精品课程规划教材》。教材是无度当中的“度”，也是各位专家多年艺术实践和教学经验所凝聚而成的“闪光点”，从这个“点”出发，相信受益者可以到达他们想要抵达的地方。规范性、专业性、前瞻性的教材能起到指路的作用，能使使用者不浪费精力，直取所需要的艺术核心。从这个意义上说，这套教材在国内还是具有填补空白的意义。

21世纪全国普通高等院校美术·艺术设计专业“十三五”精品课程规划教材编委会 」

目录 contents

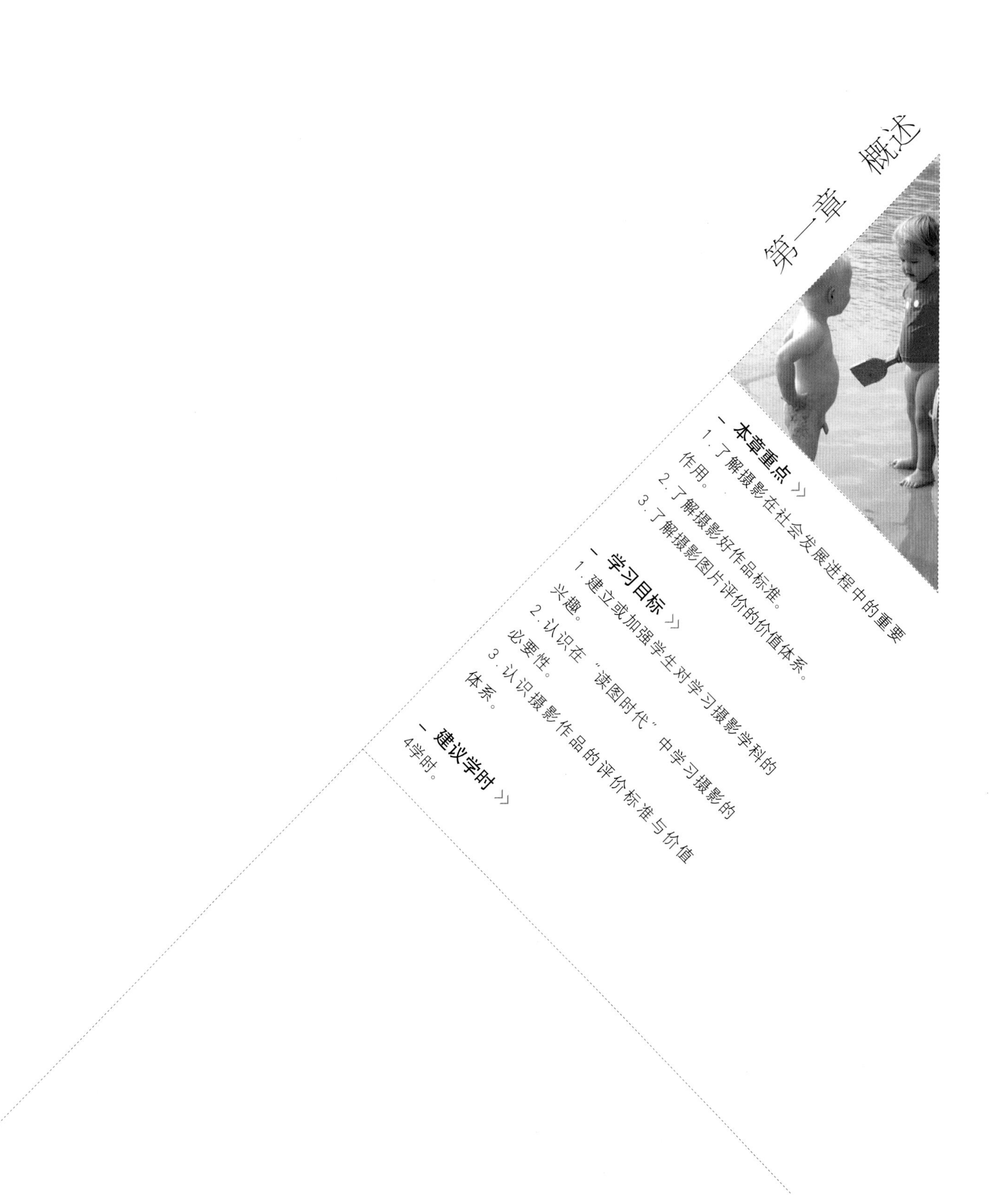

第一章 概述

本章重点 >>

1. 了解摄影在社会发展进程中的重要作用。
2. 了解摄影好作品标准。
3. 了解摄影图片评价的价值体系。

学习目标 >>

1. 建立或加强学生对学习摄影学科的兴趣。
2. 认识在“读图时代”中学习摄影的必要性。
3. 认识摄影作品的评价标准与价值体系。

建议学时 >>

4学时。

第一章　概述

第一节 ///// 摄影是19世纪最伟大的发明之一

人类社会发展的文明史，也是人类科学发展的进步史。

自1839年法国科学院公布了法国工程师尼厄普斯和法国画家达盖尔的摄影法，科学技术明确了图像生成的理化办法，这标志着人类摄影术的诞生。从此，人类社会逐渐步入了绚丽多彩的图片时代，场景可以被记录，历史景象可以被重现、被复制、被传播。人类从此可以从图片上看到过去，看到去不了或看不到的景象，人的视觉被无限地延伸，人的感知被无限扩大，人们喜欢摄影，摄影又诱惑人们。人们的偏爱使摄影像骄子一样迅速成长。到20世纪初，摄影在部分发达国家已经具有较高的水平。一大批优秀的摄影师相继涌现，一大批摄影刊物先后面世，这些用镜头记录的社会精彩瞬间，生活的千姿百态，成为人类历史发展的有力佐证而被永久保留，那些光与影的精美构图，也作为人类艺术的宝藏而百年流传。

随着摄影和图片与人类社会的生活息息相关、密不可分，享受摄影技巧的掌握和欣赏精美图片的乐趣，已成为现代人生活中不可缺少的文化食粮；而摄影术的广泛应用，更以非我莫属的独特优势，结合或渗透在各个行业领域之中，从而对人类发挥更大的造福作用。摄影的学科理论随之日趋成熟。伴随着制版业、印刷业、出版业的发展，摄影与之交递互惠推动。20世纪30年代，人类社会已经形成了以摄影为表现的传媒产业。

摄影及其图片在人类社会生活中的需求地位日趋高涨，成为现代人生活中不可缺少的精神食粮。至20世纪70年代，网络科学技术进入人类社会，图片如同搭乘火箭，发展之势扶摇直上。鉴于摄影和图片在本世纪的重要作用，人们把21世纪称为“读图时代”。

人类历史的沧桑巨变，经历了漫长的岁月。社会学家把人类的发展总结为三次革命，即农业革命、工业革命和信息革命。其中所谓信息革命是指包括摄影在内的计算机数字技术的应用和发展，给人类社会带来的巨大的、高速的发展。种子入地，农业新生，人类从此吃饭穿衣；蒸汽机诞生，工厂林立，百业兴盛，人类社会物质文明飞速发展；以数字技术为代表的信息系统问世，计算机技术广泛应用，世界日新月异，新产品、新技术层出不穷，人类社会得以无可比拟的飞跃进步。社会的进步发展，自然会将其成果惠泽天下，广利民众。但社会的发展是不平衡的，发展也会淘汰跟不上脚步的观念。早在20世纪70年代，当计算机网络出现的时候，美国学者阿尔温·托夫勒曾经预言：随着社会的演进和科技的发展，人类将产生“文字文化文盲、计算机文化文盲和影像文化文盲”。其中“影像”就包括了摄影图像。这个预言给了我们这样的警示：人类社会的新生代，不仅应该成为“文字文化”的文化人，还应该成为“计算机文化”的文化人，也应该成为“影像文化”的文化人。这就是我们应该去了解、去学习这门学科最基本的理由。

第二节 ///// 图片折射社会

摄影活动的最大特点是本身的特有品质，即它的纪录性和瞬间性，使之能从最真实的角度去记录事物，因而也具有真实反映事物的先天条件，大有“照片一摊，铁证如山”的气概。随着摄影不断深入到人类生活的各个领域，摄影的重要作用日趋显现，下面我们从几张照片来看一下照片对人类生活的影响。

一、社会管理

人的一生，从出生到离世，始终都有介绍自己身份的各种证件相伴。学生证、工作证、驾驶证、医疗证、

图1-1 三胞胎姐妹同时考入同一学校同一专业，领到“学生证”时的高兴心情。刘章麟摄

职称证等，据说有几十种之多，这些证件无不包含个人的人像照。庞大的复杂的社会，也是通过这些证和这些照片来实施有效的管理。从这个角度来讲，任何人都离不开这些生存照、生活照。

人类社会高速发展的同时，也带来人口的大幅增长，这会增加管理的难度。我国约14亿人口，管理如此井井有条，技术上，照片参与管理功不可没。

二、时政新闻摄影

新中国成立60周年之际，2009年4月23日，一场展示各国海军共同构建和谐海洋决心的海上大阅兵，在青岛附近的黄海海域展开。中方首次公开亮相核动力潜艇，举世瞩目。中国跃居成为世界五个能制造核动力潜艇的国家之一。

中国近代史上最屈辱的一页，就是从海洋开始的。从海上开始的屈辱，现在从海上结束。从潜艇图片中，人们可以充分解读到，中国国力的腾升，军事实力的强大，科学技术的领先。强大的祖国、强大的海军，每一个中国人都会由衷地感到欣慰和自豪。

图1-2 长征6号核动力潜艇，改装了更先进的固体燃料弹道导弹。 新华网

三、航天航空摄影

飞向蓝天，飞出地球去观察地球、去探索太空是人类追求美好未来的共同梦想。2008年9月25日，我国航天员翟志刚、刘伯明、景海鹏同志乘坐神舟七号载人航天飞船成功进入太空，在顺利完成空间出舱活动和空间科学实验任务后，于9月28日安全返回地面。这次载人航天飞行圆满成功，实现了我国空间技术发展具有里程碑意义的重大跨越，标志着我国成为世界上第三个独立掌握空间出舱关键技术的国家。

图1-3 从神舟七号上看到地球的美妙 神舟七号发布

四、卫星摄影

自1960年，美国发射了第一颗人造试验气象卫星以来，卫星对地球的观测已经成为当今世界不可或缺的信息来源。卫星摄影已经成为科学考察、监测自然、情报收集、军事打击与防范的必不可少的重要手段。其中，气象卫星从太空不同的位置对地球表面进行拍摄，大量的观测数据通过卫星传回地面工作站，再合成精美的云图照片。人们既可以接收可见光云图，也可通过使用合适的感光仪器接收到其他波段的卫星照片如红外云图。目前，电视节目中通常使用的云图，就是红外云图通过计算机处理、编辑而成的假彩色动态云图画面。目前，人们能准确地获得连续的、全球范围内的大气运动规律，做出精确的气象预报，大大减少灾害性损失。

其实，卫星摄影远远不止对气象领域的应用，其他用于人们监测洪水泛滥、冰雪覆盖、地震灾害等方面同样会起到神奇的作用。

图1-4 风云二号气象卫星星云图 中国气象局网

五、高速摄影

1957年，艾杰顿（美）拍摄了摄影史上具有划时代意义的《牛奶皇冠》，拍的是一滴奶珠落入牛奶中而溅起的“奶花”，有24个对称平衡的奶珠柱，形若“皇冠”，无比优美、华贵。在液面上还浮现出清晰的倒影，相互呼应，浑然天成。照片上方同时拍有继续下滴的奶滴，是形成“皇冠”的无比完美的注释。

《牛奶皇冠》的拍摄，只有在相机技术得到相当提高，胶片感光度高度灵敏为先决的条件，才可以实现。摄影科学的进步，使以前不为人眼所见的美妙瞬间被凝固下来，从此，又一门新学科“高速摄影”来到世间。

“高速摄影”延伸了人类的视觉，让人类眼睛看见了原来看不见或看不清的瞬间世界，让人们领略到了凝固于瞬间的魅力。

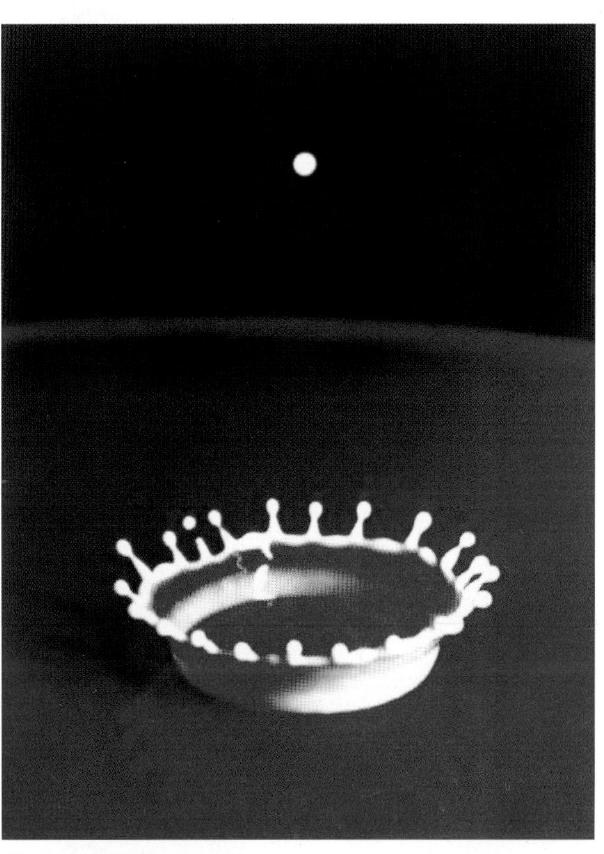

图1-5 《牛奶皇冠》 艾杰顿摄

《牛奶皇冠》把人类的认识“高速”提高了一大级，人类从此更加科学地认识高速事件，之后很多重大科学现象都用这种“高速摄影”来证实和判断。比如，子弹出膛的旋转状态；飞机速度超过音速时，必须突破“音障”；高精导弹的弹着点……，等等，清楚地表现了摄影对军事、航天、物理领域的作用。

自从《牛奶皇冠》来到世间，备受人们喜爱，喜爱这瞬间的永恒，喜爱无比优美的形态。几乎所有的牛奶品牌都曾经借用其皇冠造型，以表现自身的至尊和高贵。直到今天，不少的广告、装饰仍然在使用着这个图案造型或衍生造型，这标志着这美妙一瞬，仍然影响着人们的生活。

六、医学摄影

瑞典摄影家里纳德·尼尔森从1965年开始拍摄的专题《一个孩子的诞生》，这组照片表现的是从人体受孕的最初直至出生的全过程。图1-6为“一个在母亲子宫中四个半月的胎儿”。由于需要除摄影之外的高科技配合，直到1990年才最终补充完成。这组图片通过《生活》《时代》《国家地理》《巴黎竞赛》《星期日时报》、德国《地理》等科学期刊、图片杂志以及报纸被介绍到世界各地，得到广泛的传播。它让人类认识自己的来历。这组照片还被转译在金属盘上，送入太空，并继续漂流于浩瀚的宇宙空间，向其他可能存在的“生物”介绍人类自己。也许在将来的某一天，宇宙中终于会有其他生物接收到来自地球“人”的这一询问。

医学摄影是利用照相机或摄影机、摄像机以及配套的后期处理设备对原始医学资料按不同用途所进行的记录、复制和加工过程。目的是为了真实、准确、及时、形象地为医疗、教学和科研提供并保存医学影像资料。医学摄影越来越多地应用到诊断及手术及治疗过程中，

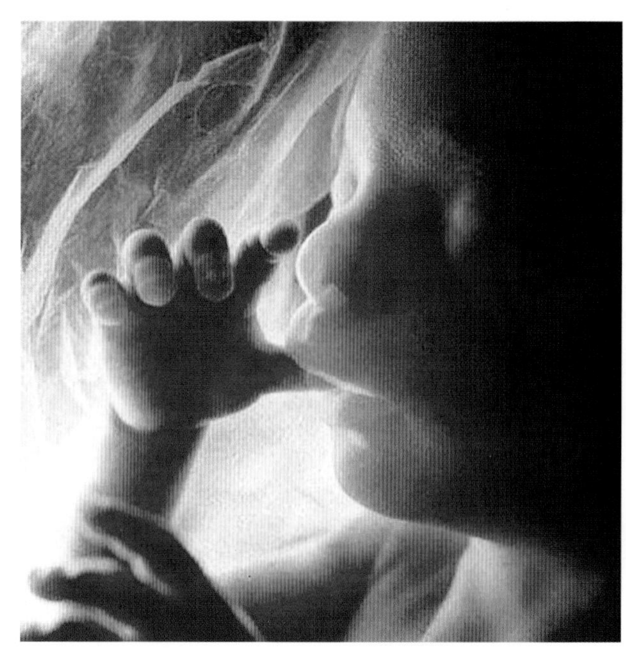

图1-6 《一个孩子的诞生》 尼尔森摄

毫无疑问医学摄影会更大程度地减轻疾病造成的危害，提高人们的健康水平。

七、战地摄影

战争是人类文明历史中令人震惊的一页，自有人类历史以来，始终伴随着战争。自有摄影以来，人类都用摄影记录着战争。战争带给人类无限的痛苦和灾难……

图1-7 《逃离美军燃烧弹袭击的孩子们》 黄幼公摄

1972年，越南战争已接近尾声。久战不胜的美国军队已经变得歇斯底里，对着平民村庄和赤手空拳的百姓狂轰滥炸，悍然投放凝固汽油弹。美国战地记者黄幼公（华裔），拍摄这张名叫《逃离美军燃烧弹袭击的孩子们》的照片，很快就被刊登在美国《纽约时报》的头版上，接着被各大报纸转载，成为轰动一时的话题。美国人民早已对这场远离美国而无休止的战争漠然麻木了，这张照片重新唤醒了他们的良知，在美国社会中引起了巨大的震撼和反战浪潮。不久，越战宣告结束。人们说，是这张照片促使越战提前半年结束。

2007年4月12日，黄幼公和其他几位美国摄影家接受上海师范大学的邀请，在上海图书馆举办摄影展。

《逃离美军燃烧弹袭击的孩子们》曾获普利策新闻摄影奖和荷兰世界新闻摄影大奖，后者是世界上最具代表性和权威性的新闻摄影奖项。

八、婚纱摄影

男婚女嫁是人的一生中最具向往、最具留念的大喜事，婚纱摄影照便理所当然地成为这一美妙时刻的见证。婚纱摄影是年轻人浪漫的追求，是老年人幸福的回忆。

我国自改革开放以来，社会经济得到长足发展，人们的传统观念、消费观念也随之发生改变，婚纱摄影几乎已成为新人必须履行的模式，加之行业内的不断创新和竞争，婚纱摄影已经成为一个特殊的产业。仅从这个侧面，就反映出人民生活水平的不断提高以及他们更高的精神情感需求。

图1-8 “婚纱摄影”的观念，已经上升为女性对未来幸福的憧憬。 刘方摄

九、谷歌地图

卫星地图照表明人类利用摄影技术进行的遥感遥测学，已经相当成熟，并且广泛地服务于民用各业，下图是从“谷歌地图”（卫星照）上截图的“北京中南海（瀛台）”，从图片中可以清晰地看到地面建筑。瀛台始建于明朝，三面临水，衬以亭台楼阁，像座海中仙岛，是

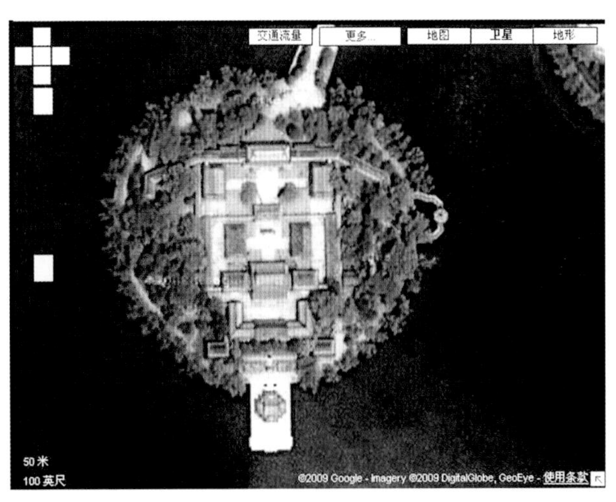

图1-9 谷歌地图（卫星照）截图“北京中南海局部” 谷歌地图截图。

帝王、后妃的避暑和游览地。曾经囚禁载湉（光绪），有很多历史故事。现在瀛台正殿涵元殿是中国领导人会见外国领导人的场所之一。卫星照据说可以分辨地面1平方米的景物，为保密原因民用级分辨率有所限制。对景物的大小、相互距离及经纬度都会显现，照片提供的这些信息，对于测绘、建设、军事等方面的重大作用是显而易见的。谷歌地图卫星地图照已在网络对公众开放。

图片已经渗透到人类活动的一切领域，而且越来越显示它的无可替代的重要作用。图片不仅可以记录我们的过去，也可以开拓我们的未来。图片已经成为当今时代人们的生活必需品，学习图片、认识图片、使用图片是时代赋予我们的任务。

第三节 摄影好作品的三个标准

一、主题明确

文学作品及其他门类的艺术作品，第一呈献就是主题，摄影作品也不例外。主题是摄影作品的灵魂，决定摄影作品的质量高低、价值大小、作用强弱，也是摄影作品成败的关键。

摄影作品要表现什么，一定要让读者一目了然，对一些立意含蓄的作品，也应该让读者在理解的过程中逐步明了，这是创作摄影作品最起码的要求。作品的主题就是作品的生命能力和生存能力。没有明确主题的摄影图片，是得不到读者的认可的，也不会获得传播，自然就没有什么价值。

图1-10 《我要上学》代表希望工程呼吁社会关注，最终使390多万名贫困儿童不同程度得到资助。 解海龙摄

摄影作品的主题是广阔的，可以是举世共同关注的大事，也可以是街头巷尾议论的小事，这些都与学习文学作品中的主题是等同的，所不同的是图片表达的专业性，即摄影图片是以“影像文化”的文化方式来展现的，在主题的表达上自然独用这个“文化”中的语言来陈述，摄影的“影像文化”语言，是摄影师应该首先掌握的，也是摄影师在思考作品的主题同时应该考虑的。

二、看点突出

所谓看点，是要有一个能吸引注意力的主体。通常，拍摄时为了表现主题，一幅作品中要有一个主要的趣味中心。通过对主体的描述，达到突出主题的效果。这个被摄主体可能是一个人、一件物或者一群人或一组事物，或其他景物内容。在对主体的描述中，按照摄影语言的一般表达方式进行画面展示，使之成为“看点”，进而成为能吸引读者注意力的“看点”。这需要拍摄者在光线运用、色彩关系处理、快门和光圈运用、主体在图片画面中的几何位置等方面，营造出适合的气氛，使主体达到能够让读者注目的位置，成为“看点”，引起读者的注意，让目光能够停留在画面中。

要做到看点突出并不容易，这需要我们积累丰富的美学修养，但也并非深不可测，画面中最简单的看点突出办法：第一，让主体靠前，在画面中几何形态更大，使主体景物占据画面的较大面积，造成“非看不可”的优势。第二，将主体安排在画面中透视线交合处，利用引导线引诱视线注目，突出主体。让读者“先看这里”。第三，透过窗、框、洞拍摄，构成图片边框，利用框架突出主体，让摄影语言表示“只看这里”。

让看点突出的方法有各式各样，理论也是深奥的，它贯穿摄影的全过程，是摄影必须学习的基本理论和手法，在下面章法中，我们还会提到。

图1–11　因其点缀性色彩突出，主体和陪体在画面中几何位置安排适当，成为照片看点。方维源摄

图1–12《送笼猪》　图片的画面构成结构由四部分组成，笼猪、妇女、狗肉店、背景坡地，都与主题“笼猪”有关联，画面基本上做到简洁。张秀芬摄

三、画面简洁

画面简洁是指在拍摄照片时，应尽量选取与主题有关的素材，同时应尽量放弃与主题无关的素材，使照片的主题更加突出。简洁被公认为是摄影的重要法则，看似简单，要做到这一点，其实并不容易。在拍摄过程中，被摄主体常常会藏身于复杂的环境中，主体、陪体、杂体、背景混为一团难于剥离，不能构成简洁的画面。也可能当具体到某一张照片是否简洁，却因观看者想法不同而不同，这使得“让照片简洁”在视觉元素众多时的操作变得复杂。曾有著名摄影家说过：“在摄影照片中，对于简洁的重要性无论怎样强调都不过分。”可见简洁这一概念对于摄影家衡量作品的重要。

其实，所谓简洁就是要去掉那些在画面中分散注意力、削弱主题的影像构成干扰因素。“因素”是否“干扰”，完全取决于画面的主题，凡影响主题表现的，都可以被认为是干扰因素，应当尽量避免。如果避免不了，也要想办法将它对画面和主题的干扰作用降到最低。如果主体周围环境有利于表现主题，如果主体之外的景物与主题相关，如果它们能够对主题有烘托作用，那么它们就是必不可少的，不能去掉。简洁追求的是简约而不简单。

综合起来，好图片的三个标准：主题明确、看点突出、画面简洁。这是摄影师在拍摄和研究每一张照片时都应考虑的三项基本原则。

第四节 ///// 图片评价的价值体系

人类社会的发展，已经进入了前所未有的图片新时代。在当今市场经济条件下，信息已经成为一种极其重要的商品，而图片与信息鱼水相依，其重要地位不言而喻。随着图片的传播流量越来越大，图片承载的信息越来越多样和丰富，如何去解读图片，如何让图片更加富有价值，是学习摄影应该了解的重要问题。

一、信息价值

人类社会的发展，已经进入了前所未有的信息时代，包括图片在内的传播介质，促成了新时代的来临和发展。图片在传播中承载着各种信息，诸如商品信息、科技信息、政治信息等。这里仅从信息价值的两个基本点去强调：一是图片是信息载体，在商品社会中，信息是有价值的，因而图片也具有了价值；二是图片反映的人或事的影响力越大，信息价值就越大。

新闻摄影作品《火车开进长江源》是一幅表现图片信息价值的好图片。长江源海拔很高，空气稀薄，地势十分复杂，雪山冰川、沼泽湿地相互交错，气候恶劣多变，人迹罕至，当地民众生活艰辛。

《火车开进长江源》是从“长江源”这一点，表现青藏铁路建设开通，给人民群众带来的新生活的开端，而它表达的是青藏铁路巨大的影响力。青藏铁路是当今世界海拔最高、线路最长的高原铁路，被称为“天路”。青藏铁路的开通是中国实施西部大开发战略的标志，对经济、民生、国防科技、国力都有极大的展示和提升。照片所蕴涵的信息量是很大的，其影响力也是很大的。

图1–13 《火车开进长江源》获2007年第十七届中国新闻奖二等奖 陈燮摄

二、形象价值

图片的“形象”，包含两个方面的内容。一是被摄对象的形象，应选用具有代表性、典型性、鲜明性的对象，这样能保证图片形象的突出，使读者从其形象中得到理解和诠释，从而达到影响读者的目的。二是利用摄影的表现手段，诸如拍摄角度、镜头的选择、光线的运用、构图的方式等，塑造突出的形象，使读者过目不忘，印象深刻，从而具有影响读者的能力。

形象是否突出和鲜明，决定着照片的影响力。形象越是突出和鲜明，图片就越具影响力。

第21届世界大学生运动会“艺术体操”冠军戴菲菲，曾经获得十几个全国冠军的头衔，世界大学生运动会上独揽两金更让她达到顶峰，被公认为无可非议的艺术体操皇后。首先，其形象优美，美到代表全世界朝气蓬勃的大学生形象，从图片可以看到，拍摄时配合舞动艺术体操的彩带的技巧和熟练，表现出她的代表性、典型性、鲜明性。第二，图片本身的高调构图和彩带的色彩点缀，构成优美的摄影语言形象，塑造了突出的形象，使读者印象深刻。

这是一张精彩的图片形象，更是又一个精彩的学生奋斗形象。

三、情感价值

情感价值即图片的感染力。图片承载的信息中，情感信息是重要成分，它会自然带给读者喜乐哀怒的情绪，也会使读者从心里表示同情、赞许、不屑、反对等态度。所以，读者在观看图片时或珠泪涟涟或掩口而乐，这就是图片感染力的表现。越是富于情感价值的图片，其感染力越强。一幅好照片，定能唤起读者情绪，触动读者情感。

第五届中国摄影在线网上摄影大赛，《孝子》被评为一等奖，这张照片讴歌孝子贤孙的传统美德。这里我们只引用评委《大众摄影》杂志主编高琴的评语说明：“打动我们的就是一种真情，人与人之间的那种感情表现得比较好，从细节上来看，它运用了窗户的光线，人物的表达及情绪的抓拍也挺好，从故事本身来看摄影家渗入到画面里去了，有一点人为痕迹，但我们觉得这个不是最要紧的，以情感人，这是生活中存在的现象，虽然抓拍的时候有些人为的参与，这也是大家对艺术创作的承认度吧。”

总之《孝子》获得成功，更重要的是以情动人。

图1–14 艺术体操冠军戴菲菲，中国深圳申办2011年世界大学生运动会形象大使。 中国大学生网

图1-15 《孝子》传达了中华民族传统孝道伦理观。李英军摄

四、传播价值

图片的传播价值越来越被重视，甚至提高到图片的传播，就是图片生存的目的。图片在传播中的独特优势，图片的纪录性、适时性、廉价性、载体的多样性及制作和阅读的方便性，带给人们极高的信任度，使它获得了无与伦比的能量，创造图片传播的价值概念。可以说，当今社会中，图片每时每刻都传递着重大的价值信息，每时每刻都有人在图片传播中受益，或经济，或科技，或其他。也正是这种传递，促进社会发展和进步。

图片的传播价值体现在媒体对图片的认同度。媒体对图片是有选择性的，媒体总是偏爱读者喜闻乐见的图片。

羌族姑娘“天仙妹妹”尔玛依娜三年成名，就是图片传播价值的最好范例。尔玛依娜生长在远离城市的边远羌寨，因为她的图片在网络的传播，网民极大关注使她迅速成为网络红人，并凭借天生丽质跻身影视表演行业，至今已参与拍摄电影电视多集、多部。

五、审美价值

图片具有唤起读者审美愉悦情感的能力。审美是一种享受。图片所呈献的美感，往往也能满足读者的这种愉悦的享受感。图片美表现为它的形式美和内容美。形式美的体现为：恰当的构图、正确的用光、熟练的镜头语言的选择、创新的手法等，都可以对视觉产生冲击力，都有助于对美感的提炼和升华。内容美的体现为：自然美、道德美、心灵美、人性美等，都可以引起情感的共鸣，都可以撞击读者的心扉。

图1-16 “天仙妹妹”尔玛依娜是依靠传播速成的网络红人。尔玛博客

图1-17 表现儿童纯真的人性之美，可唤起读者的愉悦心情。方维源摄

[复习参考题]

◎ 为什么说摄影是19世纪最伟大的发明之一？
◎ 摄影好作品的三个标准是什么？
◎ 如何理解摄影作品的“主题明确”？
◎ 如何理解摄影作品的“看点突出”？
◎ 如何理解摄影作品的“画面简洁”？
◎ 图片评价的价值体系是什么？

第二章 数码相机的数码特征

本章重点 >>

1. 简介摄影发展历程。
2. 胶片摄影与数码摄影的本质区别。
3. 数码摄影的其他数码特性。

学习目标 >>

1. 了解胶片摄影与数码摄影的本质区别。
2. 认识CCD与CMOS的基本特性。
3. 认识数码摄影的其他数码特性。

建议学时 >>

4学时。

第二章　数码相机的数码特征

照相机是摄影所依赖的必需工具。学习摄影首先必须了解照相机的性能，熟悉照相机的使用法则。

第一节 ///// 数码相机的诞生

物质文明是不可抗拒的。新科技、新产品以不可阻挡之势涌现在世人面前，去旧迎新是社会发展的必然。

在人类已经发现和认识的百余种物质当中，有少数物质诸如硒、硅、锗等，受光辐射后具有“光电效应”，即可将光能转换为电能的特性。科学家利用这种特性，研制了有特殊感光能力的大规模集成化电路模块，称之为感光元器件。

1970年，贝尔研究所（美国）宣布发明感光新元件“CCD”（电荷耦合元件），可以将光信号改为电子信号传输。应用这一物理特性，1981年索尼公司推出了全球第一台不用感光胶片的电子相机，该相机使用了10mm×12mm的CCD薄片，分辨率仅为570×490（27.9万）像素，数码相机由此诞生。20世纪80年代第一款小型数码相机上市，随后，世界照相机行业更以鼎力之势研发新生代数码相机，推动着数码相机的发展和市场争夺，广大消费者也以最大的热情欣赏了它的优越，宽容了不足，接受这一新产品，使数码相机得以空前发展。2008年，仅佳能公司公布其销售量就已达到了惊人的一亿台。与之同时，传统胶片相机则日显枯萎，销售锐减。到2006年，尼康终于宣布停止生产传统135胶片相机，至此，几乎所有胶片相机都停止生产，转向生产数码相机，数码相机的取而代之已成必然。

第二节 ///// 数码相机的核心CCD与CMOS

传统胶片相机成像原理是胶片感光后经化学反应成像。

数码相机成像原理是电子感光元件感光后经物理效应转换成像。

感光元件是数码相机的核心，也是最为关键的技术。数码相机的发展道路，可以说就是感光器件的发展道路。目前数码相机的核心感光器件有两种：一种是广泛使用的CCD（电荷耦合）元件，另一种是CMOS（互补金属氧化物导体）器件。

一、关于CCD

电荷耦合器件图像传感器CCD（Charge Coupled Device），它使用一种高感光性的半导体材料制成，能把光能转变成电能，通过模数转换器芯片转换成数字信号，数字信号经过压缩以后由相机内部的闪速存储器或内置硬盘卡保存，同时也可以通过模数转换器芯片将数字信号转换成图像信号显示在LED显示屏上。当然也可以轻而易举地把数据传输给计算机，加以存储，并借助于计算机的处理手段，根据需要和想象来修改图像。

CCD由许多感光单位按矩阵式组成，它的每一个光敏元件代表图像中的一个像素，每个像素都承载了亮度和色彩的信息元素，通常以百万像素为单位。像素是衡量数码相机的最重要指标。一个光敏元件就对应一个像素，因此像素值越大，意味着光敏元件越多，照片的分辨率也越大，照片的清晰度就高。

CCD结构相当复杂，而且万分精细。它体积很小，根据功能可分为三层：第一层是“微型镜头”，扩展CCD的采光率。第二层是“分色滤色片”，记录并调整像素的色彩信息。第三层“感光层”，负责将穿过滤色层的光源转换成电子信号，并将信号传送到影像处理芯片，将影像还原。CMOS具有相同的三层结构。当使用相机进行拍照，在快门打开时，整个图像一次同时曝光。景物图像色彩通过CCD第二层时，被嵌在CCD矩阵中彩色滤镜分解，典型的办法有G—R—G—B（绿—红—绿—蓝），然后，被分解的色彩信号被感光层转换成电子信号。在记录照片的过程中，相机内部的微处理器从每个像素获得信号，将相邻的四个点合成为一个像素点。这就是大多数数码相机CCD的成像原理。这种方法允许瞬间曝光，微处理器能运算得非常快。

由于电荷耦合器件（CCD）图像传感器发明对社会进步的巨大贡献，发明人威拉德·博伊尔和乔治·史密斯获2009年诺贝尔物理学奖。

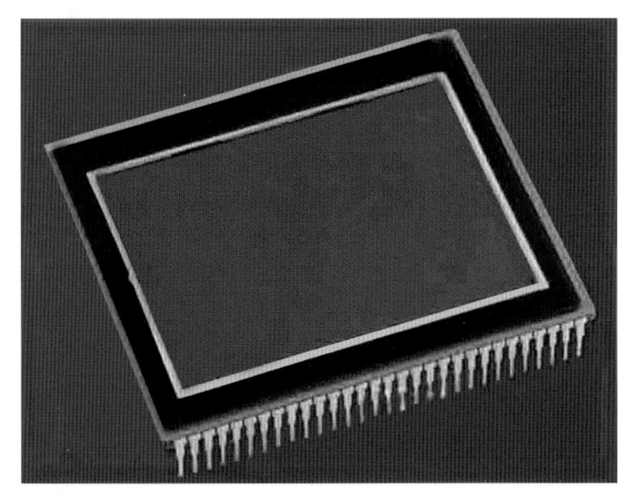

图2–1 柯达3900万像素CCD“KAF–39000”外形

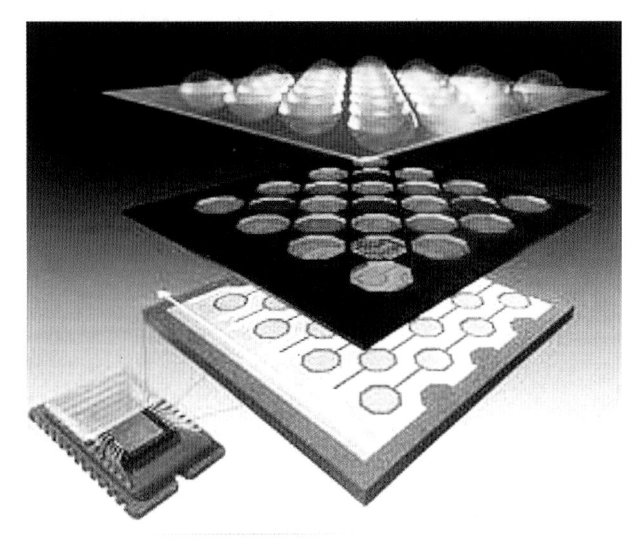

图2–2 CCD的结构原理图：上层是“微型镜头”，中层“分色滤色片”，下层“感光层”。

二、关于CMOS

互补性氧化金属半导体CMOS（Complementary Metal–Oxide Semiconductor）和CCD一样同为在数码相机中可记录光线变化的半导体感光器件。

CMOS的制造技术和一般计算机芯片没什么差别，主要是利用硅和锗这两种元素所做成的半导体，使其在CMOS上共存着带N（带–电）和 P（带+电）极的半导体，这两个互补效应所产生的电流即可被处理芯片记录和解读成影像。然而，CMOS的缺点就是太容易出现杂点，这主要是因为早期的设计使CMOS在处理快速变化的影像时，由于电流变化过于频繁而会产生过热的现象。由两种感光器件的工作原理可以看出，CCD的优势在于成像质量好，但是由于制造工艺复杂，只有少数的厂商能够掌握，所以导致制造成本居高不下，价格非常高昂。

在相同分辨率下，CMOS价格比CCD便宜，但是CMOS器件产生的图像质量相比CCD来说要低一些。到目前为止，市面上绝大多数的消费级别以及高端数码相机都使用CCD作为感应器；CMOS感应器则多应用在中低端数码相机及摄像头上。

CMOS针对CCD最主要的优势就是非常省电，不像由二极管组成的CCD，CMOS电路几乎没有静态电量消耗，只有在电路接通时才有电量的消耗。这就使得CMOS的耗电量只有普通CCD的1/3左右。制造成本相对低廉，这点，也是得以发展的原因。CMOS主要问题是在处理快速变化的影像时，由于电流变化过于频繁而过热。暗电流抑制得好就问题不大，如果抑制得不好就十分容易出现杂点。色彩还原也略逊于CCD。

对于CMOS来说，优势是便于大规模生产，且速度快、成本较低是数字相机关键器件的发展方向。目前新的CMOS器件不断推陈出新，高动态范围CMOS器件已经出现，这一技术消除了对快门、光圈、自动增益控制及伽玛校正的需要，使之接近了CCD的成像质量。另外由于CMOS先天的可塑性，可以做出高像素的大型CMOS感光器而成本却不上升多少。相对于CCD的停滞不前相比，CMOS作为新生事物而展示出了它的蓬勃活力。作为数码相机的核心部件，CMOS感光器已经有逐渐取代CCD感光器的趋势，并有希望在不久的将来成为主流的感光器。目前佳能EOS 500D使用的CMOS像素已高达1510万。

图2–3 佳能EOS 1Ds Mark Ⅱ搭载的1670万像素的CMOS

三、感光器件的性质特征

感光器件性质特征主要有两个方面：一是感光器件的面积，二是感光器件的色彩深度。

1.感光器件的面积

感光器件面积越大，成像就大，相同条件下，能记录更多的图像细节，各像素间的干扰也小，成像质量也好。传统135胶片面积为36mm×24mm，专业型数码单反机的感光器件面积与之相当。例如，佳能EOS-1Ds的CMOS尺寸为36×24mm。普及型数码相机由于体积较小价格低，所以感光器件面积较小，一般在1/2.7"（4.0mm×5.3mm）、1/2"（4.8mm×6.4mm）、1/1.8"（5.19mm×6.91mm）、2/3"（6.6mm×8.8mm）左右，例如富士S100F传感器尺寸2/3英寸（2/3"相当于6.6mm×8.8mm）。

应该注意到，使用胶片时原始比例值为3：2（36mm×24mm），使用数码相机时CCD（或COMS）原始比例部分已经改为4：3（如8.8mm×6.6mm）。少数高端数码相机保留胶片3：2的比例。随着部分数码相机向着时尚化、小巧化的方向发展，感光器件的面积也只能是越来越小。而另一方面，科学技术的发展自然会去弥补因此而造成的图像质量缺陷。

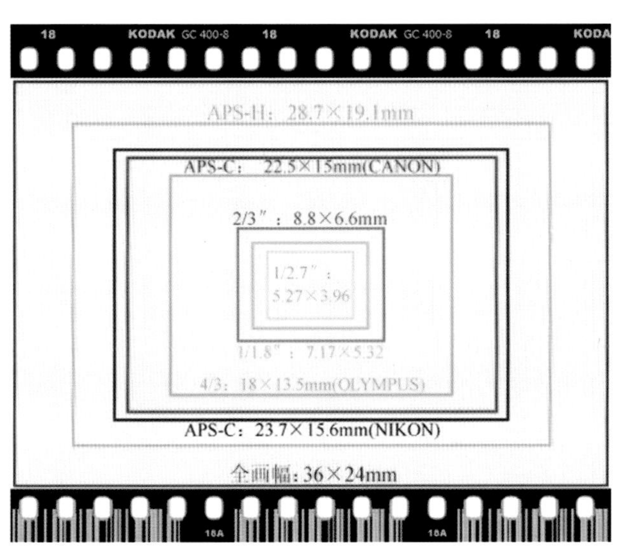

图2-4 CCD与135胶片面积比较

2.感光器件的色彩深度

如同计算机的工作原理一样，数码相机的信息处理和存储也是以二进制为基本理论进行的。色彩深度指的是色彩位，就是用多少位的二进制数字来记录三种原色。非专业型数码相机的感光器件一般是24位的，专业型数码相机的成像器件至少是36位的。对于24位的器件而言，感光单元能记录的光亮度值最多有2的8次方，为256级，即每一种原色用一个8位的二进制数字来表示，最多能记录的色彩是256×256×256约1677万种。这已达到人眼范围的极限。对于36位的器件而言，感光单元能记录的光亮度值最多有2的12次方，为4096级，每一种原色用一个12位的二进制数字来表示，最多能记录的色彩是4096×4096×4096约68.7亿种。获得如此富余的色谱量，是配合数码相机厂商开发了自己的档案格式，可以充分地记录下这款数码相机在拍摄这张照片时所有的原始数据（例如：RAW 、TIFF档案），摆脱JPEG规格的束缚，保持有更多的信息，更适合高精度放大，让色彩和画质的表现达到完美。

数码相机的感光器件的色彩深度越高，表明它能够记录的颜色数量越多，因此影像的颜色就越鲜艳、越细腻、越真实，成像质量就越好。

第三节 ///// 数码相机的显示屏

LCD液晶显示屏是Liquid Crystal Display的简称，LCD的构造是在两片平行的玻璃当中放置液态的晶体，两片玻璃中间有许多垂直和水平的细小电线，透过通电与否来控制杆状水晶分子改变方向，将光线折射出来产生画面。液晶显示屏不仅可以不折不扣地观看取景画面，拍摄之后，又可即拍即显审视拍摄结果，方便之极。这很大程度上提高了人们使用相机的信心，同时改变了人们使用相机的行为方式。LCD的主要技术指标在两个方面：

其一，规格要大。配于数码照相机上的液晶屏尺寸分别为：

2.4英寸（索尼S730）、2.7英寸、3.0英寸、3.5英寸（索尼T700）。大的清楚视觉效果好。

其二，相机的LCD显示效果还取决于像素和面板技术，现在相机的LCD像素有6.7万（佳能A80）、11.5万、15.7万、23万、46万、92万（尼康D90）等数值，自然是像素越高效果越好；LCD显示屏宜于垂直观看，对可视角度要求高，也有部分产品采用较大可视角度的LCD，无论视角怎样变化，取景都能清晰观看，减小了使用的限制性，增强了使用的随意性。例如尼康D90的LCD液晶屏可视角度可以达到170°，亮度可做多级调整。

第四节 //// 数码相机的储存卡

在数码相机中，代替胶片功能的是存储卡。数码相机中获得的数据文件可以极快的速度存储到存储卡中，也称“闪存”。存储卡是数码相机必不可少的数据存储配件。不同品牌的数码相机，配用适合自身的储存卡。近年来存储卡发展很快，“闪存”速度大大加快，其内存容量已从64M、128M，发展到1G、2G、4G、16G……甚至更大的内存容量。价格也快速下降，几乎仅是几年前的1/10。下面是数码相机常用的几种存储卡：

一、CF卡

CF卡是目前数码相机中广为使用的存储卡。CF卡的优点是：具有良好的兼容性、扩展性与开放性，在专业数码相机与高端非专业数码相机上的应用不但已经占据了主流，而且在可以预见的将来无可替代；加上由于应用领域不断拓展，应用的普及带来价格的下降，使CF卡成为市场上各种闪存器件中同等容量价格最低的产品。缺点是体积较大（43mm×36mm×3.3mm）（最大容量有32GB、64GB与100GB）。使用CF卡的相机如：尼康的D200、D300、D3，佳能的5D、40D，索尼的α200、α700等。

二、MMC、SD卡

MMC卡身材娇小，内置了控制电路，面积仅为24mm×32mm，厚度仅1.4mm。它的用途广泛，数码相机、MP3、手机、PDA（掌上电脑）等，都可以看到MMC卡的踪迹，而且它的兼容问题可以通过固件来解决。至于SD卡，从很多方面来看都可看做MMC的升级。两者的外形和工作方式都相同，只是MMC卡稍微要薄一些，但是使用SD卡的设备都可以使用MMC卡。SD卡是由东芝与松下联合推出，SD卡之所以“安全”，就是因为引入了数据保密机制，它将DVD的保密技术移植到闪存设备中来，数据加密存储，有利于保护数据安全和知识产权。SD卡的发展速度很快，是具有大容量、高性能、安全等多种特点的多功能存储卡（最常用量为2GB、4GB、8GB、16GB）。使用SD卡的相机如TCL、TDC-2818、佳能单反450D、佳能A650IS等。

三、记忆棒

它是索尼独家开发的记忆卡，只有索尼家族的数码相机、MP3、数码摄像机、电子玩具、PDA等产品才能使用。

记忆棒从规格上看有普通棒、高速棒和短棒三种，其中普通棒和高速棒的外形尺寸同为50mm×21mm×2.8mm，不同在于高速棒在存储卡中加入了版权保护技术，拥有更高的读写速度，存储容量上限也有所提升。而短棒将记忆棒的体积进一步缩减，长度约为普通棒的1/2，通过一个适配器，可以像普通棒一样使用，长棒不能在短棒的机型上使用。

四、XD卡

XD卡是一种比较新的小型存储卡，XD与SD卡比起来不过是体积缩小了一点点，技术上并无太多的优势，XD卡体形轻巧、耗电量小，而且速度也可以和高速CF卡媲美，和CF卡不同的是，CF卡容量大的速度会慢一些，而XD卡则是容量大的速度更快。配用在奥林巴斯和富士相机上。

了解目前市场上的存储卡，选择数码相机的时候就会心里有数，在购买时可以有一个参考比对，相机本身才是我们选择的重点，但也不要忽视这些小东西。

[复习参考题]

◎ 摄影发明于哪年？到2009年，已经走过了多少年的发展历程？
◎ 传统胶片相机成像原理与数码相机成像原理有什么根本不同？
◎ 目前数码相机的核心感光器件有哪两种？各有何特点？
◎ CCD的结构是怎样构成的？
◎ 感光器件性质特征主要有哪两个方面？
◎ 用哪些条件去审定数码相机的显示屏？
◎ 数码相机的储存卡有哪几种类型？

第三章 数码相机

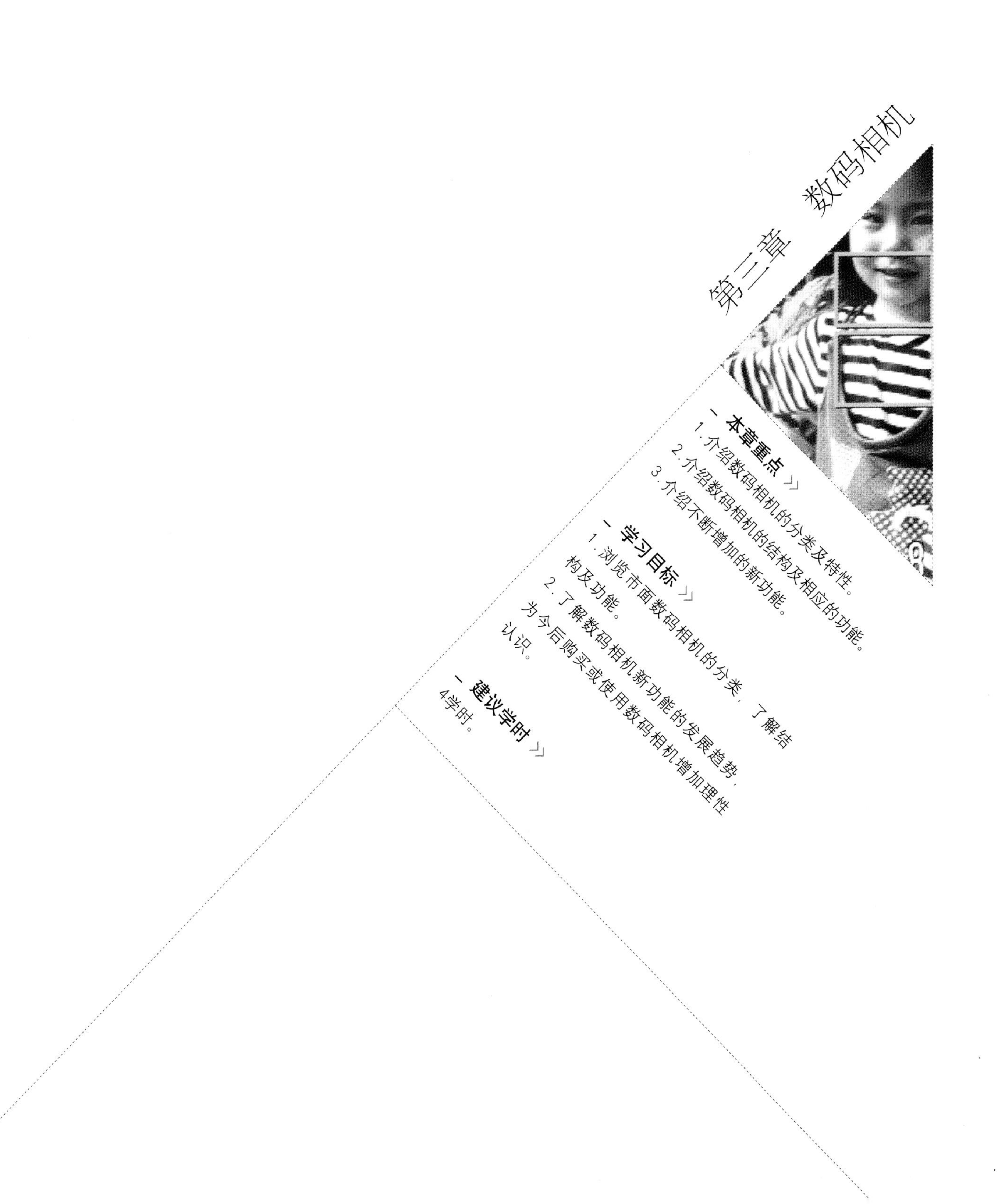

本章重点》

1.介绍数码相机的分类及特性。

2.介绍数码相机的结构及相应的功能。

3.介绍不断增加的新功能。

学习目标》

1.浏览市面数码相机的分类，了解结构及功能。

2.了解数码相机新功能的发展趋势，为今后购买或使用数码相机增加理性认识。

建议学时》

4学时。

第三章　数码相机

数码相机发明至今时间不久，却发展迅速，新技术不断植入、新外形不断涌现，从普及型机到高端机，种类繁多，层出不穷。它们各有特色，但构成和功能大体相同，下面认识一下数码相机的几个基本特点。

第一节 ///// 数码相机分类

数码相机分类可按不同的原则进行，现在我们仅从流行概念上，简单地把它分成两大类：消费级数码相机和单镜头反光式数码相机（简称单反相机）。

一、消费级数码相机

消费级数码相机是以摄影普及概念为主的相机，对成像质量没有特别要求，操作上追求简单便捷，外形时尚，携带方便。大概可分为两种类型：卡片机和便携相机。

消费级数码相机在结构上，除了显示屏取景外，一般还可以使用取景器进行旁轴式光学平视取景。

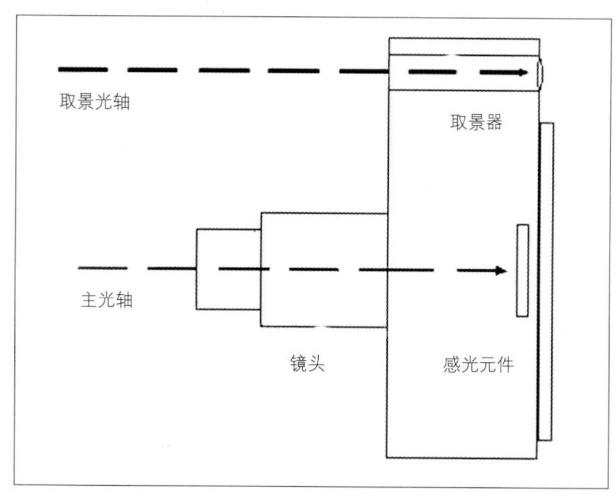

图3–1　旁轴式光学平视取景剖视结构示意图

1.卡片式数码相机

卡片式数码相机体积较小、结构简单、操作方便、生产成本较低，是一类普及型家用相机。因其外形小巧、重量较轻、设计时尚、机身超薄、形同“卡片”而得名。

卡片式数码相机品牌众多，是当前相机市场的最大家族。卡片式数码相机在成像原理、使用程序上与单反相机没有什么大区别。只是大部分卡片式数码相机除了显示屏取景之外，还使用了旁轴式光学平视取景，即通过传统取景模式的取景器进行取景，这种方式取景拍摄视野明亮，不影响拍摄过程，节省电池能源，但取景视差大，特别在微距拍摄时，只能用显示屏取景。

卡片式数码相机的优点是：①生产成本很低，市场价格也低；②体积小，重量轻，便于携带；③操作简单，便于使用。由于以上特点，当前市场的中低档数码相机几乎都是卡片式数码相机。例如索尼T系列、尼康S系列、奥林巴斯μ系列和卡西欧Z系列、佳能I X U S系列等。 以下是近期流行的部分品牌的卡片式数码相机。

图3–2 卡片式数码相机

2.便携式相机

由于社会需求的多样性，在消费级相机中除了卡片式之外，还有不少品种更追求成像质量、画面色彩及操控方式，这些相机一般像素较高，有更多的拍摄模式，其中多数有方便的操控性能，使用者会获得操作享受感，甚至被一些摄影专业人士用为备用机，因而也被美称为“准专业级”相机。当然，这类相机由于成本增加，当然市场价位稍高于卡片机。

图3-3 便携式相机

二、单镜头反光式取景相机

数码单镜头反光式取景相机，简称“数码单反”。“单反”在拍摄中“过程”与旁轴式有很大不同。在“单反”这种系统中，增加了反光镜和棱镜等配件，这种独到的设计，使得摄影者可以从取景器中直接观察到通过镜头的影像。

图3-4 全画幅单反（24×36）——索尼DSLR-α900

在单反数码相机的工作系统中，光线透过镜头到达反光镜后，折射到上面的对焦屏，并结成影像，透过接目镜和五棱镜，我们可以在观景窗中看到外面的景物。拍摄时，当按下快门钮，反光镜板便会往上弹起，前面的快门幕帘便同时打开，通过镜头的光线（影像）便投射到感光元件CCD上，完成摄影过程中的“感光”程序。之后反光镜便立即恢复原状，观景窗中再次可以看到影像。单镜头反光相机的这种构造，确定了它是完全透过镜头对焦拍摄的，它能使观景窗中所看到的影像和CCD上永远一样，它的取景范围和实际拍摄范围基本上一致，消除了旁轴平视取景照相机的视差现象，从学习摄影的角度来看，十分有利于直观地取景构图。与此相对的，消费级数码相机只能通过LCD屏或者旁轴式光学平视取景器看到所拍摄的影像。显然直接看到的影像比通过处理看到的影像更利于拍摄。

1.单反数码相机的主要特点

单反数码相机家庭庞大，种类繁杂，是高、中档相机展示的舞台。因此有如下主要特点：

（1）图像传感器的质量较高

对于数码相机来说，感光元件是最重要的核心部件之一，要想取得良好的拍摄效果，最有效的办法其实不仅仅是提高像素数，更重要的是加大CCD或者CMOS的尺寸。数码单反相机的传感器尺寸都远远超过了普通数码相机。因此，数码单反相机的传感器像素不仅比较高，而且单个像素面积更是民用数码相机的四五倍，因此拥有非常出色的信噪比，可以记录宽广的亮度范围。600万像素的数码单反相机的图像质量绝对超过采用2/3英寸CCD的800万像素的数码相机的图像质量。

（2）丰富的镜头和附件

单镜头反光相机还有一个很大的特点就是可以交换不同规格的镜头。

在高档数码照相机产品中，一般都会以机身为主，衍生出多种不同性能的配套镜头，如超广角、广角、标准、长焦、超长焦、微距等，供各种情况下选用，以创造出奇制胜的效果和精妙的艺术手段。而且按品牌自成体系、各为一家。

除此之外，数码单反具有很强的扩展性，除了镜头可换之外，还能够使用偏振镜等附加镜片，以及其他的一些比如大功率闪光灯、电池手柄、定时遥控器、脚架等辅助设备，以增强其适应各种环境的能力。这些丰富的附件让数码单反可以适应各种独特的需求，这无疑让数码相机如虎添翼，更显活力。

（3）迅捷的响应速度

普通数码相机最大一个问题就是快门时滞较长，在抓拍时掌握不好经常会错过最精彩的瞬间。单反数码相机基本上是各类品牌的中高端机型，因而有关元件均择优录选，单就“速”而言，大大提高响应速度，而成为数码单反的优势，再加上其对焦系统独立于成像器件之外，它们基本可以实现和传统胶片单反相同的响应速度，使数码单反在新闻、体育摄影中让人得心应手。目前索尼α900每秒5张的连拍，佳能的EOS1D MARKⅡ和尼康D2H均能达到每秒8张的连拍速度，足以媲美传统胶片相机的高速能力。

（4）卓越的手控能力

专业型相机不但需要相机自动拍摄的功能强大，还要求数码相机同样具有方便可靠的手动调节功能，以适应千变万化的拍摄环境和拍摄对象，从而取得最佳的拍摄效果。因此具有精准手动调节功能，也就成为数码单反必须具备的功能，也是其专业性的代表。也是摄像师展现个性的用武之地。

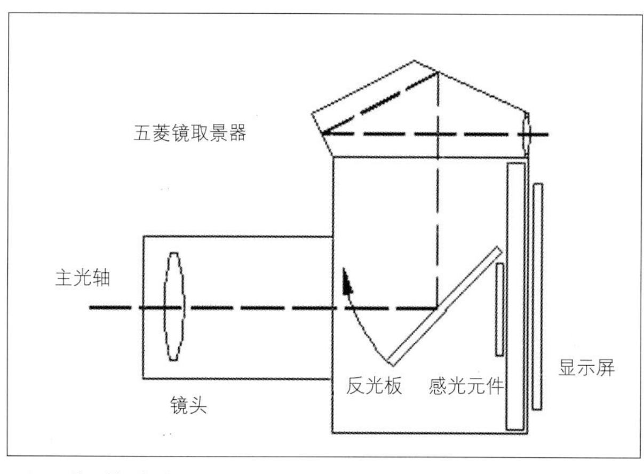

图3-5 数码单反相机原理剖视图

2.单反数码相机的等级

所有的数码相机厂家，都会生产代表企业实力的顶级产品、供专业摄影需用的专业级产品及面对广大消费群体的普及型产品。所以数码单反相机按品质等级，原则上可以分为以下几个等级：

（1）顶级。顶级单反相机是相机产业中的佼佼者，它代表民用相机产业的最高水准，它融入了相机技术的时代性高新科技，或创意性的或革命性的，它是用最先进的工艺制造生产的，因而伴随着完美的品质保证。正因为如此，顶级相机便成为引人注目的展示舞台，几乎所有的生产厂商都会不遗余力追逐顶级相机的研发，从而不断地推出相机家族中至尊至上的品牌。例如：尼康D3X、佳能EOS 1DS MarK III、哈苏H3DII-50（36mm×48mm）等。

（2）全画幅级。数码相机的感光元件尺寸，是数码相机的最主要技术指数之一，以胶片135相机感光胶片画幅尺寸24mm×36mm为基准，数码相机的感光元件尺寸等于或十分接近这一画幅尺寸的，称之为“全画幅”数码相机。这时，过去胶片相机包括镜头在内的所有附件都可以兼容通用，过去135胶片相机的法则、测算等依旧适用。人们感到它是胶片相机的延伸，当然顶级机型的核心技术也必然应用其间，也是专业型相机的主打机型。例如：佳能EOS 5D Mark II、索尼DSLR-α900、尼康D700、奥林巴斯E620等。

（3）专业级。顶级、全画幅级高昂的价格把很多摄影专业人士拒之门外，在保持品牌原有特点的情况下，在生产成本上下工夫，常用办法是减小感光元件的尺寸降低价格，以应对各种摄影专业人员的需求，这使一大批品质性能略逊于全画幅的专业级数码相机得以问市，进入新闻、人像、旅游等专业行业，并且在这些领域承担主力角色。例如：索尼α700、佳能EOS 5D、尼康D300、奥林巴斯E-30等。

图3-6 入门级单反相机

（4）入门级。单反相机凭着自身的品质优势，吸引着众多的爱好者，在专业级的基础上，再经技术删减改良，达到进一步压缩成本的目的，形成市面销售数量最大的入门级数码单反相机。

近年来，随着生产成本下降，数码单反机市场价格日趋下降，已经成为人们消费选择对象，图3-6是几种常见的入门级数码单反机，其市场价格已经比较低廉，吸引了相当数量爱好人士。

第二节 数码相机的结构

数码相机仍然是由镜头和机身组成。卡片式数码相机的镜头和机身大都是融合为一体的，不便拆分。个别型号的卡片机曾经生产过多款镜头配换，但用者寥寥无几，因缺乏市场，很快消失。数码单反相机的镜头可以方便地更换，成为拍摄中的独特优势，也成为与卡片机的典型区别。

一、数码相机的镜头

镜头是相机的眼睛。镜头的作用是成像。相机成像质量的高低很大程度是由镜头的品质所决定的，不同类型的镜头有着各自的外形、性能特点和表达方式，因而，必须了解相机镜头的类型及其特点。镜头的分类是以焦距为标准的。

焦距，是光学系统中衡量光的聚集或发散的度量方式，指从透镜中心到光聚集之焦点的距离。亦是照相机中，从镜片中心到CCD（或CMOS）成像平面的距离。

数码相机镜头的焦距总是以传统胶片135相机的镜头作为标准参照，其主要原因是：传统胶片相机基本上只有2类，即120和135。其中小型135相机使用35mm胶片，尺寸为36mm×24mm，与所有数码相机的感光元件尺寸相对接近，而数码相机感光元件尺寸种类过多，统一到传统135标准上会便于比照，便于使用。其次，因为曾经拥有135相机的人数最多，有关理论知识普及得最广泛，人们对它了解的程度也最大。

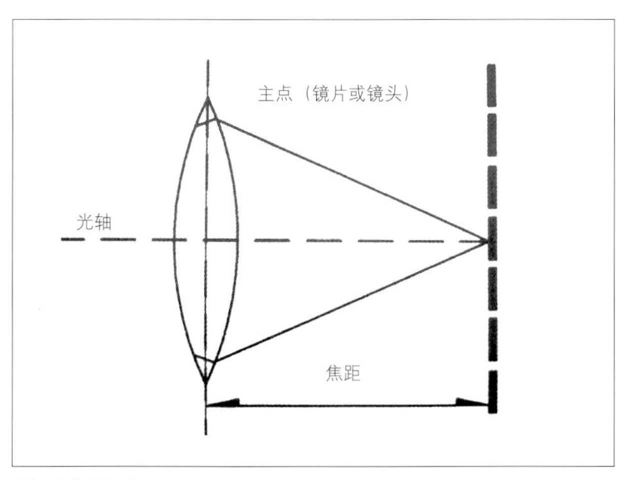

图3-7 焦距图解

数码相机镜头的焦距，也可以通过厂家提供的镜头焦距转换系数进行转换，得到相似于传统135相机的焦距。例如当说明书标有：35mm换算焦距约为镜头焦距的1.6倍时，只要1.6乘以镜头上标定的焦距值，就是传统焦距值。下面是几种相机标定的镜头转换系数。

索尼DSLR－α900：感光元件尺寸（36mm×24mm），镜头转换系数：1

尼康D90：感光元件尺寸（23.6mm×15.8mm），镜头转换系数：1.5

奥林巴斯E-520：感光元件尺寸（17.3mm×13mm），镜头转换系数：2

相机的镜头焦距是衡量镜头所拍摄范围的一个重要参量，不同焦距的镜头适应不同的拍摄需要。根据焦距不同，镜头一般分为广角镜头、标准镜头、长焦距镜头、变焦距镜头、微距镜头。

1.标准镜头

标准镜头是指焦距长度接近相机成像画幅对角线长度的镜头。由于成像画幅的大小因机型而异，所以各类型相机的标准镜头是不一样的。例如，传统135胶片相机的成像画幅是24mm×36mm，其画幅对角线长度为43mm，它的标准镜头定为50mm。一部数码相机的CCD成像画幅是13.5mm×18mm，其画幅对角线长度为22.5mm，理论上它的标准镜头也是在22.5mm左右。尽管不同成像画幅的标准镜头焦距不同，但它们的视角却是大体相等的，即与人眼视角接近，为45°～50°，因而，由标准镜头获得的画面，其透视关系与目测效果会非常相同，画面影像显得自然、真实。

2.广角镜头

广角镜头是镜头焦距小而视场角又大于标准镜头的这类镜头。它基本特点是：

（1）镜头的视场角大，视野宽阔。从某一视点观察到的景物范围要比人眼在同一视点所看到的大得多；由于具有较大的视场角取景特点，便于表现小空间、窄场地。

图3-8 消费级相机的变焦镜头起始焦距一般在28mm～37mm，这是用起始焦距为37mm的变焦镜头拍摄的《穿越秦岭》。方维源摄

图3-9 松下TZ15GK（TZ5） （等效于470mm）直接拍摄的样片

（2）有强调画面透视效果的特点，善于夸张前景和表现景物的远近感，常给人们带来新奇的感觉，有利于增强画面的感染力。

（3）景深长，可以表现出相当大的清晰范围；由于广角镜头焦距短，可获得较长景深。可将从近到远的整个景物都纳入清晰表现的范围。

典型广角镜头焦距段为：35mm、28mm、24mm等。

3.长焦距镜头

长焦距镜头是指比标准镜头的焦距长而视角较小的镜头。长焦距镜头取景范围较窄，在透视上具有压缩空间的能力。使用长焦距镜头拍摄具有以下几个方面的特点：

（1）视角小，拍摄的景物空间范围也小，在相同的拍摄距离处，所拍摄的影像大于标准镜头，适用于拍摄远处景物的细部和拍摄不易接近的被摄物体。

（2）景深短。易于获得虚实对比强烈的图像。当然，能使被摄主体得到突出。

（3）透视效果差。这种镜头具有明显的压缩空间纵深距离和夸大后景的特点，因而不利于表现空间透视感。

典型长焦镜头焦距为：105mm、135mm、180mm、300mm等。

使用长焦距镜头时，应注意的是，执机不易稳当，图片模糊常有发生，拍摄时应使用高速快门或使用三脚架稳定相机。如使用新型数码相机，应打开防抖功能。

4.变焦距镜头

变焦距镜头也称变焦镜头。顾名思义，它是一种在限定范围内可连续变更焦距的特殊镜头。由于方便拍摄时对画面取舍或对远近的调整，一个镜头当做若干焦距使用，所以广受喜爱，在中低档数码相机中，全部配用变焦款式镜头。

在相机历史上已经生产过不同焦距的镜头，从8mm、15mm、24mm、28mm、35mm、50mm、85mm、105mm、135mm、200mm、400mm、600mm、1200mm，还有长达2500mm等，所以用一只可变焦距的镜头，只能适用某一段焦距的变动，多数数码卡片相机所配用的变焦镜头，也是换算为传统135胶片相机焦距来使用。经换算，大多数消费级相机的变焦距镜头都相当于传统机的28～140mm范围之内。例如：

佳能IXUS110 f=5.0-20.0mm 等效于35mm焦距：28-112 mm

索尼T900 f=6.18-24.7 mm 等效于35mm焦距：35-140 mm

尼康S70 f=5.0-25.0 mm 等效于35mm焦距：28-140mm

（1）光学变焦及倍率

由于消费级数码相机都只配用一只变焦镜头，光学变焦已成为数码相机最重要的特性之一。光学变焦就是通过移动镜头内部镜片组来改变焦点的位置，改变镜头焦距的长短，并改变镜头的视角大小，从而实现影像的放大与缩小。常用数码相机的变焦镜头，其镜头的变焦倍率一般刻在相机镜头上，如8～24mm，说明该镜头变焦为3倍，如5.6～34.8mm，说明该镜头变焦为6倍，光学变焦倍数越大，能拍摄的景物就越远。目前大部分数码相机的光学变焦倍数在2～6倍之间，也有一些数码相机拥有7～10倍的光学变焦镜头（松下的FZ系列、柯尼卡系），甚至高达15～18倍率的光学变焦镜头（尼康L100变焦范围是28～420mm，为15倍）。

（2）数码变焦

图3-10 具有18倍光学变焦功能（相当于35机27～486mm）的松下 FZ28

除光学变焦之外，数码相机还可以利用自身的电子优势，内部操作系统能方便地将图像进行放大，仿真出光学变焦的效果，称为数码变焦。而这种以放大像素而得到的“变焦”效果，无疑是以牺牲图片质量为代价，所以不是万不得已，不必使用数码变焦。在数码相机中光学变焦与数码变焦是连在一起的，当光学变焦已达到最高倍率时，数码变焦会自动跟进，但会有明显标志，或改变显示倍率的数字颜色或指示进入红色区域予以区分。

目前中低档数码相机几乎全部都是配置一个变焦距镜头（含微距功能），因机型不同变焦范围有所变化。下面是几种常用数码相机变焦镜头的光学变焦范围：

尼康P5100　7.5-26.3mm相当于传统135相机35-123mm（×3.5）。

索尼T700　6.2-24.7mm相当于传统135相机35-140mm（×4）。

佳能G10　6.1-30.5mm相当于传统135相机28-140mm（×5）。

富士S100FS　7.1-101.5mm相当于传统135相机28-400mm（×14.3）。

这里，因为各数码相机的CCD尺寸大小不同，不便于直接进行比较，因此数码相机镜头的焦距总是以135相机的镜头作为参照，换成传统概念比较易于了解和比较。可以看出，这些变焦镜头几乎涵盖了广角镜头、标准镜头、中长焦距镜头的功能。

（3）数码相机的变焦操作

数码相机变焦操作非常简单，有的机型使用变焦环，有的使用变焦钮，只需拨动显示屏就会直接显示出变焦效果来。下面是几种类型的变焦开关，操作方式不一样，作用相同。

图3-11 佳能系采用变焦环操作

奥林巴斯μ1010 变焦按钮

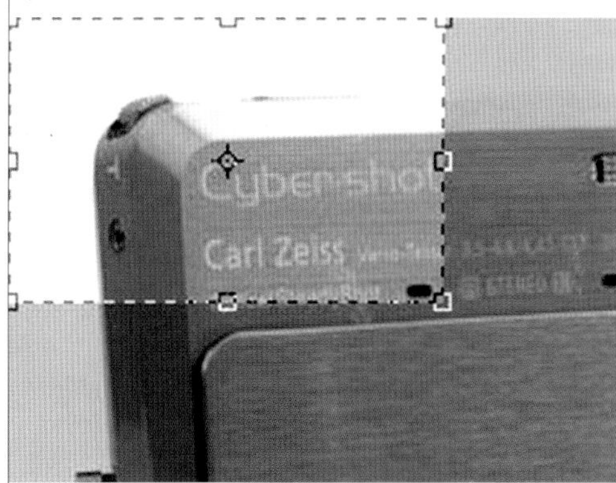

索尼 TX7C 变焦角钮

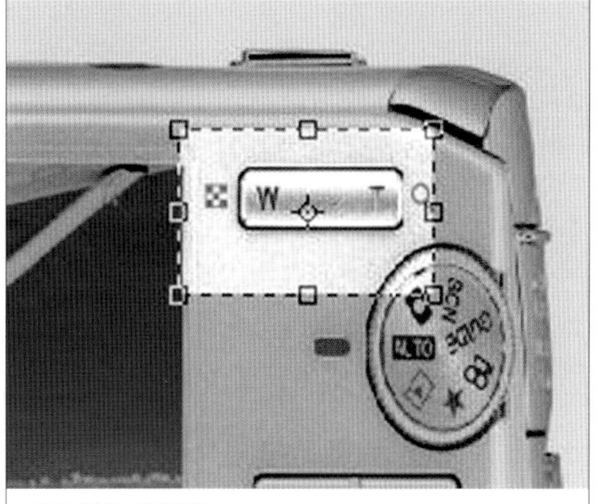

三星L310W WT拨钮

图3-12 各种不同方式的变焦操作方式

5.微距镜头

(1) 微距意义

为了适应拍摄人物、环境等主要功能，几乎所有数码相机成像物距都在30cm以上，这就不能拍摄尺寸较小的物体。如果必须使物距在30cm以内进行拍摄，就必须启动数码相机的“微距”功能，才能使一些尺寸较小的物体因镜头接近获得比较大的图像。普及型数码相机由于焦距已经很短，在设计时只需要让镜头往外调一点，就能够得到较好的微距效果，具有“微距”功能的先天条件，因此所有的普及型数码相机都具备这一功能。

(2) 微距摄影

“微距”功能是一种可以非常接近被摄体进行聚焦的功能，大部分数码相机的“微距”功能都设计在5cm，这即是“微距”拍摄时的最小物距。也有“微距”设计在1～2cm的数码相机，如奥林巴斯μ1010“微距”仅为2cm。还有只有约1cm的“超微距”，例如佳能G10、索尼T700、松下LX3GK等。

数码相机对于凡物距小于30cm的拍摄，都应把相机“微距”功能设置开启，大多数相机的微距符号是一朵花形，有的在多功能键上，有的在显示屏菜单上，随机型而异。

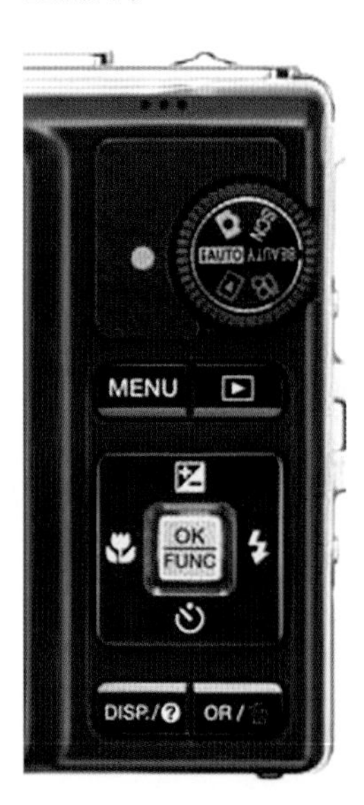

图3-13 奥林巴斯μ9000及尼康S570控制面板，花朵形为微距开关。

有的型号的数码相机在使用微距摄影时，开启“微距”还不够，还需要进行精细对焦，过程是：第一，用多功能键估计物距，第二，在辅助对焦小屏上目测景物的清晰度，移动相机调整物距实现对焦。

当数码相机处于微距状态时，由于物距非常之小，而此时景深也非常之短，极易获得虚实对比强烈的图片。

图3-14 Canon 870 微距拍摄菊花的局部

微距摄影对于拍摄小物体颇具价值，比如小饰件、耳环、花卉、昆虫等。微距摄影的目的是力求将主体的细节纤毫毕现地表现出来，把细微的部分真实无遗地呈现在眼前。

拍摄微距照片，应当注意聚焦的精确性。由于物距已经很小，景深也是很短的，细小偏差就会聚焦不实。对焦时应特别注意。

二、数码相机的机身

数码相机机身内部是相机的电子系统，外表面是所有操控系统和取景显示系统。它包含了感光元件（CCD、CMOS）、A/D（模/数转换屏）、MPU（微处理器）、内置存储器、LCD（液晶显示屏）、PC卡（可移动存储器）和接口（计算机接口、电视机接口）等部分组成，通常它们都安装在数码相机的内部，当然也有一些数码相机的液晶显示屏与相机机身呈可动作式连接，附置于机身之外（如佳能A650 IS）。

1. 镜头上的光圈

这里应该说明，照相机的三大重要装置“光圈”、“快门”、“焦距”都安装在镜头里。但在普及型数码相机里，镜头外观上已无任何可控部件，对“光圈”、“快门”、“焦距”的可控操作，已经全部改置在机身可控键（或显示屏）上。于是，我们也把这三大装置放在机身章节中讲述。

在相机镜头的结构中，光圈是重要的装置之一。

复式镜头的光圈，是由许多弧形金属叶片组成可变孔径，装在镜头的透镜组之间，根据需要可以随意调节光圈的孔径。光圈的功能就是以不同的孔径来调节镜头的光通量。

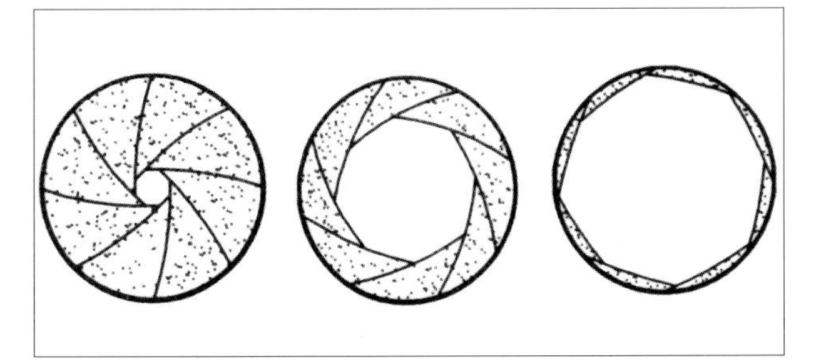

图3–15 几种不同光圈的孔径大小

光圈的作用是：第一，能使镜头的通光量得到准确的调节和控制，使感光元件得到正确曝光。第二，可以利用光圈的收缩或放大来控制景深。光圈小，景深长。光圈大，景深短。

（1）最大光圈（F）

最大光圈就是指光圈最大通光量时的孔径值，但这里不用孔径大小的绝对值来表述，而是用镜头的通光孔直径和镜头的焦距之间的比值来表述，如一只50mm的镜头，如果它的最大通光孔直径是35mm，那么35mm：50mm=1：1.4，也就是说，这只镜的最大光圈为1.4，用F1.4表示。如这只50mm的镜头，它的最大通光孔直径是28mm，同理28mm：50mm=1：1.8，也就是说，这只镜的最大光圈为1.8，用F1.8表示。由这两只镜头比较，当然F1.4优于F1.8，可以看出由于最大值的概念是以比值关系确定的，所以最大光圈的数值越小，其通光能力就越强，最大光圈的数值越大，其通光能力就越弱。

最大光圈值是相机镜头品质的重要标志之一，当然越大越好。最大光圈值较大的镜头因通光量较大，更能适应较弱的光线条件，方便使用。并且，光圈是控制景深的重要手段，具有较大最大光圈值的镜头，才有获得较小景深的潜能。

由于最大光圈值还受使用焦距的影响，下面是几种常用普及型数码相机变焦镜头的光圈范围及最大光圈值：

奥林巴斯μ1010 F3.5–F5.3 最大光圈F3.5

佳能A2000F F3.2–F5.9 最大光圈F3.2

三星NV100HD F2.8（广角）–F5.9（长焦） 最大光圈F2.8

（2）光圈系数（f）

由于光圈的作用是用来控制通光量的，如同闸门一样，光圈必须大小可调，使感光元件得到正确的曝光。

在传统相机中对光圈系数整数排列顺序规定为f/1、f/1.4、f/2、f/2.8、f/4、f/5.6、f/8、f/11、f/16、f/22、f/32、f/64。所有传统相机的光圈系数值都必须按这个排序的其中某部分段进行生产，这是因为按照这一顺序生产的相机，其进光量可以方便地进行控制，也就是光圈每差一级，光孔的面积大小也相差一倍，透光力也差一倍，这样每两个相邻的读数之间便成为倍数关系，其特点是数值越小，光圈越大，通光能力越强。

将光圈开大一级，镜头透光力增为2倍；将光圈缩小一级，镜头透光力则减为1/2。光圈每差一级，其曝光量即差2倍。例如，当其他条件不变的情况下，光圈f/5.6比光圈f/8的通光量大2倍，这在摄影实践中，易于掌握和操作，这种排序使用方便。

普及型数码相机镜头的光圈系数，已较传统系数有较大变化。第一，是光圈孔径可调范围变窄，一般只有两挡光圈系数（f）左右。例如，一只佳能IXUS 980 IS伸缩式变焦镜头的最大外径才2.5cm，符合数码机小型便携特点，它的光圈范围是f/2.8—f/5.8，光圈系数（f）两挡左右。又如松下TZ15（TZ5），光圈范围是f/3.3（广角端），f/4.9（长焦端），光圈系数（f）两挡左右。第二是由传统的光圈接倍率调整（精密度时按倍率1/3），数码相机镜头的光圈系数改变为无极连续可调，以便在曝光时有精准控制，展现其高智性。在显示光圈值时，不按传统标准排序，以佳能系列为例排序为：F2.6，F3.2，F3.5，F4.0，F4.5，F5.0，F5.5，F5.6，F6.3，F7.1，F8.0。

数码相机在自动模式下相机的程序也倾向于使用最优光圈，即较大的光圈值，以缩短快门时间，防止抖动。

当数码相机工作状态处于光圈优先（AV）模式时，在显示屏上出现的数字，就是此刻光圈值，拨动左右键，可调整光圈值。

2.数码相机快门

快门的作用是控制镜头通光的时间，使CCD能得到正确曝光，并使静止的或运动中的被摄物均可获得清晰的影像。操纵和控制快门开启和闭合的动力，分为机械动力和电子动力两种，根据动力源不同，分为机械快门和电子快门。无论哪种快门，按其功能定位，都是准确控制开启镜头通光时间，在传统胶片相机中将快门的定值设定规定排序为：1、1/2、1/4、1/8、1/15、1/30、1/60、1/120、1/250、1/500、1/1000、1/2000等，单位为秒。其特点仍然是倍率制设置，即每相邻级数间按2倍率递增或按1/2倍率递减，方便估算和操作。

（1）数码相机仍然袭用传统快门概念和理论，由于微电子技术的融入，无论在理论上还是应用上都有较大的改变。首先，数码相机上使用电子快门和机械快门并用，其目的是：第一，通过控制快门关闭的时间来达到控制曝光量的目的。第二，与电子快门配合，用机械快门做辅助器件，以提高图像的信噪比。其次，数码相机的快门在不工作时所处的状态是不一样的。传统相机的快门是关闭的，而数码相机的快门是打开的。这样才能使CCD接受光产生电信号，供取景屏（LCD）使用。数码相机的快门是在拍摄时才关闭，然后再打开进行记录曝光。这也是数码相机快门的时滞较长的原因之一。

（2）所有普及型数码相机都选择使用镜间快门。快门的种类按其装配的位置来区分常有两种形式：镜头中间式或焦点平面式。镜头中间快门，通常简称镜间快门或中心快门。它由多片极薄的金属片制成，装配在镜头透镜组中间。

（3）传统相机快门定值都按上述排序按级挡执行，而数码相机快门不再按标准排序进行设置，几乎按连续无级挡执行，其精确性大大提高。在显示快门值时，不按传统标准排序，以佳能系为例排序为：15"，13"，10"，8"，6"，5"，4"，3.2"，2"5，1"6，1"3，1"，0.8"，0.6”，0.5"，0.4"，0.3"，1/4，1/5，1/6，1/8，1/10，1/13，1/15，1/20，1/25，1/30，1/40，1/50，1/60，1/80，1/100，1/125，1/160，1/200，1/250，1/320，1/400，1/500，1/640，1/800，1/1000，1/1250，1/1600，1/2000，共45个快门速度。

（4）数码相机的时控更为精准。数码相机的快门参数是这样标注的：

如：索尼T700机械式电子快门，全自动:1/4-1/1000秒（程序自动:1-1/1000秒）

三星 NV100HD 自动电子快门，速度:1-1/2，000秒，手动电子快门，速度：16-1/2，000 秒，夜景电子快门，速度：8-1/2，000 秒

（5）数码相机有较大的快门控制范围，专业相机可以轻易地就达到1/16000秒，传统相机最高一般在1/4000秒。正因为有这宽阔的可控制范围，才能适应变化万千的拍摄环境。

3.自动对焦

数码相机与传统相机变化比较大的一点，就是全部采用自动对焦。自动对焦减少了拍摄的操作程序，方便快捷。避免了因人为原因造成的聚焦不实。同时，也因为完全取消了人为认定，在一些场景上（比如有前景的构图），难以获得理想效果。

自动对焦系统中的标志“AF”是Automatic Focusing的简称。自动对焦是利用数码相机上的红外线发生器、超声波发生器发出红外光或超声波传到被摄体，被摄物体将光或波反射回数码相机，被相机上的传感器CCD接受，通过处理，带动电动对焦装置进行对焦的方式。整个过程快速自动完成，叫自动对焦。

自动对焦分为主动式和被动式。

（1）主动式

由于是相机主动发出光或波（多用红外线），所以可以在低反差、弱光线下对焦，对细线条的、移动的被摄体，都能实现自动对焦。这种自动对焦方式优点是：直接、速度快、容易实现、成本低。缺点是：如对斜面、光滑面对焦困难，对亮度大、距离远的被摄体对焦困难。这是由于发出的光被反射到其他方向，或达不到被摄体所致。相机和被摄体之间有玻璃时就无法实现自动对焦，或容易出差错。

主动式自动对焦广泛用于各种平视取景相机。

（2）被动式

即直接接收分析来自景物自身的反光进行自动对焦的方式。这种自动对焦方式的优点是：自身不要发射系统，因而耗能少，有利于相机小型化。对具有一定亮度的被摄体能理想地实现自动对焦，在逆光下也能良好地对焦，对远处亮度大的物体能自动对焦。也能透过玻璃对焦。但缺点是对细线条的被摄体自动对焦较困难，在低反差、弱光下对焦困难，对移动被摄体自动对焦能力较差，对黑色物体或镜面的对焦能力差。

因此大多数消费及数码相机却采用主动式对焦方式，而大多数单反相机都同时配置有主动式、被动式多种对焦方式，保证对焦。单反数码相机自动对焦系统更为完美，对焦更为准确。

（3）自动对焦系统工作原理

自动对焦系统工作原理如图3-16所示，对焦系统由内置红外线或超声波发射系统及镜头内的透镜组1、透视组2、CCD及驱动电机组成。当CCD收到通过镜头回收的光或波信号时，通过中心处理器运算，并发出指令，使微电机动作，带动透镜组1可以前后移动，进行焦距调节，从而获得最清晰的图像，实现自动对焦。

在拍摄时，当按下快门按钮的一半时，自动对焦开

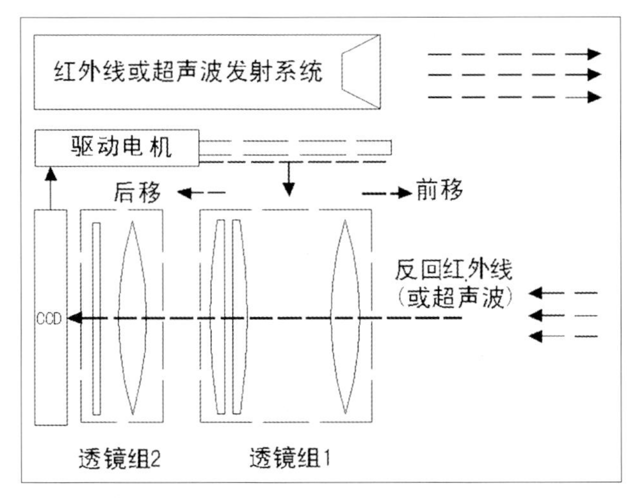

图3-16 自动对焦原理图

图3-17 自动对焦会在半快门时完成，完成时显示屏会有短暂绿框表示。

始执行，如果对焦顺利完成，相机的显示屏上将在已经实现对焦的部分呈现绿色一个或几个方框，表示自动对焦完成。如果此时显示屏上出现红色方框，表示自动对焦不能完成，需要重新对焦。

4.数码相机的闪光灯

以太阳作为自然光源来进行摄影，有时会受到很大的限制，比如夜晚、室内，为此摄影科学推出了另一种摄影用的光源——人工闪光光源。

（1）闪光灯的工作原理

闪光灯的工作原理是：依靠数码相机供电电源，利用电子振荡电路，将低压直流电压升变为交流高压，同时又将交流高压整流成为直流高压，并贮存在大容量电容器的正负两端。由于闪光灯管与之衔接，此时，高能高压已加在闪光灯管两端。由于闪光灯管是在密封的玻璃管内，充满了发光强度很高的惰性气体（通常是氙、氪、氩等气体）。当按下快门时，触发电路就会向闪光灯管提供触发信号，诱发闪光灯光管内气体被击穿而导电，其两端电容里的电能通过闪光管瞬间放电，从而发出强烈闪光。

具备自动控制功能的闪光灯，还必须检测被闪亮物体的反射光，来分析曝光是否准确，一旦确认，即刻发出信号，停止放电，闪光灯熄灭，自动闪光完成。闪光时间（即闪光持续时间）一般为1/500～1/50000秒。要在如此短暂的瞬间完成检测并实施控制，其技术要求是很高的。各厂家用多种方式获得成功，应用在各型相机上。其中TTL闪光灯控制模式是利用通过镜头的实际光量来确定相应的闪光输出量的一种测光、曝光模式。这种控光方式实际上是CCD或专门器件上检测到准确曝光量时发出关断信号，终止闪光输出，完成自动控制。其“高智能化”，带来极高的闪光控制的准确率，大大提高了闪光灯的可靠性。目前小型电子闪光灯的使用已十分普遍。

相机闪光灯分为内置式和外挂式两大类。所有普及型数码相机都配有内置式闪光灯。单反数码相机以外置式为主，配有外挂式闪光灯连接点，部分单反数码相机也配有内置式闪光灯。外挂式闪光灯可通过连线与照相机上的“X”闪光灯插座相接通，但更多的是将有弹性触点的闪光灯插到照相机上的附件插座（俗称“热靴”）上，这样连接后，闪光灯的开关就由照相机的快门直接控制了。大部分普通数码相机没有与外挂式闪光灯连接的“热靴”和“X”闪光灯插座。随着近年来普通数码相机整体水平的大幅提高，数码相机中有部分机型向超长焦距发展（光学变焦倍率达6～48倍），使内

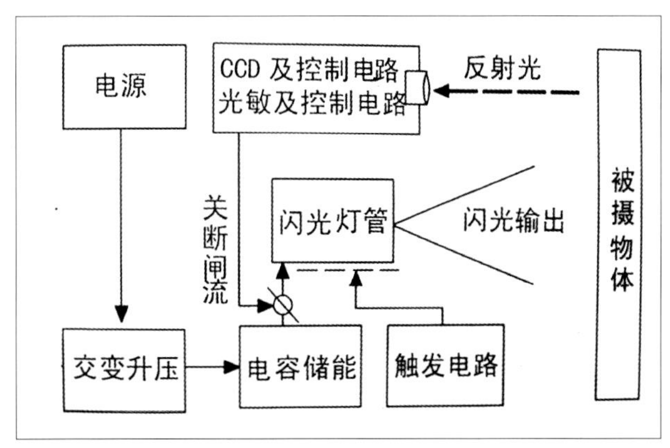

图3-18 闪光管工作原理示意图

置式闪光灯功率已不够使用。也有部分型号机型，为拓宽用途也开始配置外接“热靴”闪光灯插座（如尼康P51000）。

图3-19 配置外接“热靴”闪光灯插座 尼康 P51000

（2）闪光灯的功率

闪光灯的功率是指闪光灯工作时输出光能的大小，是以“闪光指数”GN的大小来区别的，指数GN数值越大，输出光能就越高，其光亮度越强。数码相机的内置闪光灯的闪光指数一般为6～20GN。传统计算闪光强度的方法也很简单，闪光灯距离即闪光灯的有效照明范围，通常以米为单位。用闪光灯距离与光圈的乘积等于闪光灯指数来计算。即“闪光指数”GN/相机预置光圈值=正常曝光时的物距，那么，一个“闪光指数”GN是8的内置闪光灯，在数码相机光圈定在f/2.6时，（8/2.6=3）在距相机3米远处景物可获得正确曝光。

在实际使用中，数码相机的闪光灯性能不断完善、曝光精准，让拍摄者无需再去考虑闪光量是否正确，而只要按动快门，一切关于发光强度、曝光控制，都交给相机自己去处理。这种放心使用的办法，也带来一点观念的变化。现在，大部分普通数码相机的内置闪光灯已不再标明“闪光指数”GN值，而是标明最远几米内闪光有效。现在普及型数码相机的闪光灯有效距离为0.5～5米，在不同模式下的闪光灯有效距离略有不同。如三星NV100HD有效闪光范围，广角：0.3m～5.4m ，长焦：0.5m～2.7m（ISO 自动）。

（3）内置式闪光灯工作模式

闪光灯的闪光工作模式分如下几种：自动，强制，关闭，防红眼，慢速同步等。不同机型上选择配用。

①自动（Auto）：表示闪光灯自动启动，自动闪光，无需人工操控。

②防红眼：使用内置闪光灯拍摄人像，经常会出现红眼现象，因为内置闪光灯与镜头的位置很近，光照时间很短，人眼的瞳孔在弱光下来不及收缩，而视网膜毛细血管内血液反射到镜头内形成的。红眼的照片非常影响画面的美观。很多数码相机的闪光灯都带有红眼消除模式，即利用相机前面的照明灯或内置闪光灯的频闪来

图3-20 对于光线较弱的环境，闪光灯会自动开启，符号是闪电加A（自动）

图3-21 闪光灯防红眼功能开启符号显示界面（局部）

使被摄人物的瞳孔缩小，以避免红眼现象出现。但对于频闪方式的内置闪光灯来说，这种方式会降低闪光灯的强度，但确有降低红眼发生的概率。

③慢速同步：数码相机的曝光时间是很短的，闪光灯的闪光时间也是很短的，要使景物被闪光灯闪光照亮时的瞬间，被叠加在快门打开的曝光时间之内，这在技术上叫闪光灯“同步”。“同步”时间被统一在1/60秒，单反数码机闪光灯“同步”在1/100～1/200秒，慢于1/60秒的快门速度也称慢速同步。例如，在夜晚拍摄人像一般都要使用闪光灯，如果直接打开闪光灯拍摄人像，人物还原是正常了，但是后面的夜景却很暗，无法还原，那么此时就需要使用慢速闪光功能。慢速闪光会使用较长的快门时间，以闪光灯照亮主体，然后配合慢快门保证背景也能够表现。如果你的相机已经具有慢速闪光功能，直接使用就可以了，没有的话可以在手动模式下设定较长的曝光时间，也可以达到同样的效果。

④强制：强制闪光是指，无论数码相机测得的拍摄现场光线强弱的条件如何，闪光灯都在拍摄时强行闪光，并在闪光时不进行强弱控制。这种强制情况，一般用在人物逆光时补光使用。有的机型可以调整强制闪光强度，可分为全部能量（full）、2/3能量、1/3能量三挡，以调整强制闪光时的补光程度，可在事前设置，也可在观看试拍之后再调整设置。

⑤关闭：即强制关闭闪光灯。当数码相机在测得

拍摄现场光线较弱，曝光条件不够时，将自动打开闪光灯，并进行闪光灯自动补光。但有些情况是不需要进行闪光灯补光的，例如，拍摄者要求得到影调较深的效果，或进行低调照片拍摄，就需要关闭闪光灯。

5.数码相机的摄像功能

传统相机在功能上与“摄像”是绝缘的。而数码相机是“数码”家族成员，是数码摄像机的当然近亲，它们在结构上有太多相似之处，可以稍加改革，使数码相机也具有“摄像”功能，也称“短片”功能。

要进行数码摄像，就必须遵照数码摄像的规格来进行，现在了解一下这个标准：

单幅像素值为640×480（宽×高），称为“标清（标准清晰度）”；

单幅像素值为1280×720（宽×高），称为“HD高清（高清晰度）”；

单幅像素值为1920×1080（宽×高），称为“Full HD全高清（完全高清晰度）”。

数码相机前期“摄像”功能，称为“短片”模式，可以按640×480（宽×高）像素值，10帧/每秒存储动态短片，达到所谓“标清”指标值。这种短片，适合在网络上传送或播放。如佳能A520摄像功能。

随着数码相机的发展，数码相机的动态影片拍摄能力越来越强，其存储卡容量越来越大、画面越来越大、清晰度越来越高、播放越来越流畅。新上市的数码相机基本都具有了1280×720像素的“HD高清”标准，例如尼康T700、松下FX100（卡片式）等，都能以15帧/秒存储和回放动态短片。

相机兼容摄像，改变了相机的功能定位，提升了相机的价值，加强了使用者的兴趣。市场需求使相机摄像功能得到进一步发展，并且还产生一批专门靠近摄像功能的数码相机。例如：佳能EOS 5D Mark II、尼康5000D等，这些相机的摄像功能已经达“Full HD全高清”，并以20帧/秒（或更高）存储和回放动态短片。单帧画面分辨率则达到了200万像素，成像效果已经很好。由于“全高清”格式需要大容量存储支持，数码相机摄像时常提供以上三种格式供设置选用。

数码相机进行摄像拍摄时，只需把拍摄模式调到“短片模式”，对准拍摄目标，按动一次快门为开启摄录，再次按动快门为终止摄录。

摄录开启，声音会同步录入。

虽然数码相机已涉身于DV（摄像机）领域，但最

图3-22 用慢速加闪光拍摄的街头小景，闪光灯主要为塑像补光

图3-23 在高亮度背景时，应打开“强制闪光”，避免“黑脸”。

图3-24 强制关闭闪光灯符号显示界面（局部）

图3-25 使用强制关闭闪光的拍摄效果

终成果“照片”与“视频”是差异很大的两种产品，视频制作有自身的特点，也有一套完整的理论，所以当数码相机作为DV来用时，必须按DV使用手法进行诸如推、拉、摇、移、跟、晃、定、变（焦）、仰、俯等手法来操作，这需要操作者加强认知和了解。

数码相机拍摄的“视频”素材仍然需要按电影、电视的理论进行“剪辑”，重新组合素材，成为完整的“视频节目”。一些数码相机还随机提供“编辑”专用的软件，可以更加方便快捷地在电脑上进行“视频编辑”。当然，也可以使用专业性更强的“视频编辑”软件《会声会影》（中文增强版）、《Adobe Premiere Pro2.0》（简体中文版）等进行编辑。

由于数码相机与数码摄像机功能已经相互渗透，而且受到了消费者的普遍欢迎，利用单反拍摄全高清画面必将成为未来数码单反领域里的发展趋势，单反视频相对于DV视频的最大特点就是：相对面积更大的数码单反感应器将会在低光照环境下带来明显更加优异的画质；更丰富、更灵活的镜头系统帮助单反视频实现更加全面与灵活的视角选择。

6.数码相机中不断增加的新功能

（1）防抖

论起防抖技术，大致分为以下几种：一是镜头防抖，代表为佳能的IS、尼康的VR，松下的O.I.S防抖动体系，以及适马开发的OS系列镜头体系。二是CCD防抖，也称为AS防抖，这是柯美的独门绝活。三是数码防抖，代表是尼康的BSS（最佳拍摄选择器）、奥林巴斯的防抖动程序。

CCD防抖（机身防抖）和镜头光学防抖（镜头防抖）的原理，都是依靠CCD感光元件或者特殊的镜头的结构设施，最大限度地降低操作者在使用过程中由于抖动造成影像不稳定。

CCD在实现防抖时，是依靠CCD的浮动达到防抖的目的。原理是将CCD先固定在一个能上下左右移动的支架上，通过陀螺仪感应相机抖动的方向及幅度，然后传感器将这些数据传送至处理器进行筛选、放大，计算出可以抵消抖动的CCD移动量，执行反向浮动，从而抵消抖动（代表性厂商：柯尼卡美能达机）。

镜头防抖是依靠在镜头内的陀螺仪侦测到微小的移动，并且会将信号传至微处理器立即计算需要补偿的位移量，然后通过补偿镜片组，根据镜头的抖动方向及位移量加以补偿，从而有效地克服因相机的振动产生的影像模糊。佳能的IS系统仅需要极短的时间就可完成IS镜片组的移动，所以效果还是非常好的。通常能有效预防快门时间短于1/60秒范围之内的抖动，或相当于提高快门4档的效果（代表性厂商：佳能和尼康）。

数码防抖主要是对拍摄数据做强制修改，以利于获得清晰的影像。比如奥林巴斯的电子防抖（抗抖动程序），就是在低照度下拍照时，相机自动提升感光度，自动进行快门速度的选择和闪光设置。这种技术成本很低，效果明显不如光学防抖。另外，尼康的数码防抖很特别，它的机理是当BSS功能开启时，相机连续拍摄十多张照片，此后对其进行比较，数据量最大的照片被最终记录下来——因为按照BSS的设计思路，通常清晰的照片数据量最大。

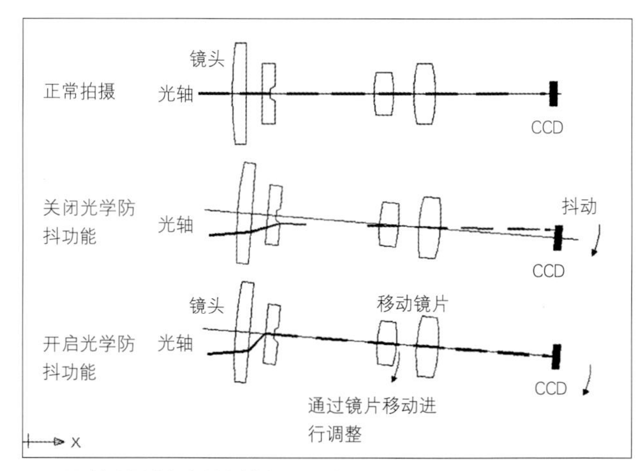

图3-26 抖动影响与光学防抖的原理示意图

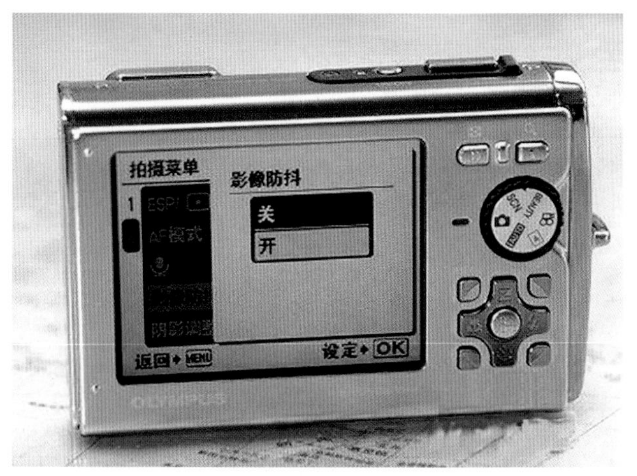

图3-27 奥林巴斯μ 8000防抖设置界面

（2）“面部识别/脸部优先”

面部识别（Face Detection）是2007年数码相机市场上的新功能，无论叫面部识别还是脸部优先，其核心都是一个：相机能自动识别取景范围内的人物面部，从而在摄影过程中有针对性地予以优化。

需要特别提醒的是，“面部识别”只表示相机能够识别取景范围内是否有人物，至于如何“优先”则是另外一回事。全面的“脸部优先”应包括自动对焦（AF）、自动曝光（AE）、闪光曝光（FE）三个方面，如果没有明确标明，则可能只有脸部对焦优先。

第一，脸部优先自动对焦（AF）。有了面部识别，相机能自动对人像面部锁定并自动对焦。

在一般人的概念中，“面部识别”似乎只是针对自动对焦，相机能“找到”画面中的人脸，按人脸的位置对焦，避免人物没有在相机预置对焦点位置时造成背景清楚、人脸模糊的情况。

第二，脸部优先自动曝光（AE）。普通自动测光曝光，在逆光情况下面部容易曝光不足，运用面部识别功能，可以针对面部亮度进行曝光补偿，得到人物脸部曝光正确的图片。

第三，脸部优先闪光曝光（FE）。当相机打开自动闪光时，如果人物背后空旷，或者是很暗的物体，反光很弱，相机就会输出很强的闪光，造成脸部曝光过度。有了面部识别功能，相机就会以锁定的脸部亮度为基准调整闪光输出的强度，避免脸部曝光过度。

面部识别的应用，无疑使使用者更加方便，当然，也使数码相机更加“傻”化。

目前有不少品牌植入这一功能：尼康、佳能、索尼、富士、理光、宾得、爱国者等。

图3-28 NIKON COOLPIX脸部优先自动对焦

（3）前期PS（Photoshop）

把后期PS技术植入到数码相机的机内，通过简单设置，可以将后期在电脑上完成的PS操作一次完成。如字符叠入、“局部去色”、“星光”效果等，方便快捷地加强图片的艺术效果。例如尼康T900等。

图3-29 （尼康T900） PS叠加字符

（4）投影功能

尼康最新发布的S1000pj，型号中的pj后缀指的就是projector（投影机）。尼康S1000pj相机正面提供了一台小型LED投影机，可以将拍摄的照片或视频片段投射在任何平面上观看，最大可投影40英寸的画面。

图3-30 尼康S1000pj

（5）双屏功能

双屏幕相机是在一部数码相机上设置两个屏，前屏和后屏，如三星ST500/550，所增加的前屏在自拍时可以帮助控制画面和调整表情，绝对称得上是“为自拍而生”的最强自拍机型。1.5寸的前屏不但可以有助于自拍，还能显示相机设定、倒数计时等。在为儿童拍摄时，前屏可以播放卡通，吸引被摄儿童的注意力及控制儿童的视线。

图3-31 三星ST500/550双屏幕相机

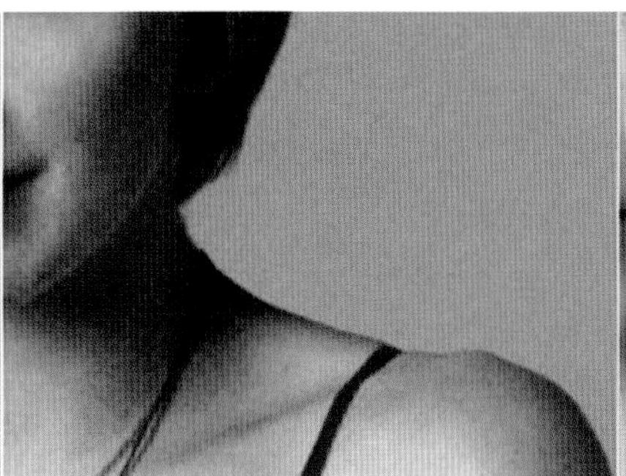
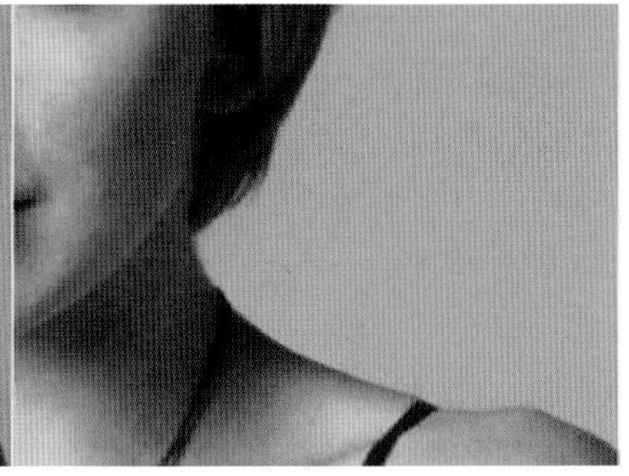

图3-32 通过双重降噪系统可以极大限度地减少噪点的出现。使用相同的ISO感光度拍摄时，噪点减少到以往水平的1/4，使用高2档的ISO感光度拍摄时，噪点也不会增加（与PowerShot G10相比）。无论使用高ISO感光度或低ISO感光度进行拍摄，画面中的阴影和昏暗区域的画质均变得更加出色。

（6）其他新功能

①新科技植入应用：例如自动HDR（高动态范围）功能（如索尼α550/α500），巧妙应对逆光情况，在瞬间拍摄两张照片，分别记录下高光部分和阴影部分的真实细节，然后自动合成，使远处的高光和近处的人像都非常清晰，非常适合表现日落、城市风光在内的大光比场景。

②已应用的高端科技下放应用：例如“双重降噪”技术原来仅搭载在旗舰级机型中，现在将下放搭载在佳能PowerShot G11和PowerShotS90中。双重降噪系统抑制了图像感应器产生噪点，从而进一步扩展了拍摄范围，即使在低光照等光线较差的条件下也可拍出清晰、明亮的照片。同时，相机动态范围进一步扩大，能记录下更多高光层次和暗部细节，使画质获得大幅提高。

③已应用的高端科技延伸发展应用：例如双重防抖。前面述说了三大类若干防抖方式，这些防抖功能都已分别实施，现在把两项不同方式防抖功能叠加使用在同一相机上称之为“双重防抖”，结果是将两者的优点和缺点互补，成为最流行的“双重防抖”技术，它们的组合选择是，一方面保留了光学防抖优秀的成像质量和效果，另一方面也保留了电子防抖的简单和方便，成为“防抖”功能中的新热门。

比如：三星WB500则具有双重图像稳定功能，光学图像稳定器与数字图像稳定器可以修正最微小的抖动，让你拍摄出来的照片更清晰、色彩更鲜明。

又如：索尼T90在拍摄过程中，拍摄对象晃动或相机抖动会造成影像模糊，它的双重防抖解决方案可通过光学防抖功能与高感光度ISO3200的智能结合，缓解拍摄对象晃动和相机抖动所造成的影响。

再如：奥林巴斯还为它们加入了双重防抖系统，即机械+数字防抖，可以有效减轻震动而造成的图像模糊。

再如：镜头光学防抖是佳能的特长。一般是采用“倾斜抖动”的补偿来实现防抖。佳能EF 100mm f/2.8L IS USM 微距除采用了能够检“倾斜抖动”的角速度感应器外，还新增加了能够检测“平移抖动”的加速度感应器。通过将两种感应器的信息相结合，配合能优化手抖动补偿效果的恰当新算法，来驱动补偿光学元件进行补偿。在普通拍摄时具有相当于约4级快门速度的手抖动补偿效果。而在普通的手抖动补偿机构很难发挥效果的微距摄影时，也能够发挥出良好效果。

数码相机的新功能、新技术永远没有终点、没有尽头。当然也就无法介绍完全。除非有一天人类又一次推出优胜于“数码相机”的“未来相机”。那时，“影像”技术又是一番更新天地。人类社会的科学发展是不会停步的。

[复习参考题]

◎ 什么是卡片式数码相机？举出一款品牌型号。
◎ 什么是单反式数码相机？举出一款品牌型号。
◎ 什么是相机焦距？什么是相机标准镜头？
◎ 什么是光学变焦及倍率？什么是数码变焦及倍率？
◎ 什么是微距摄影？应当注意什么问题？
◎ 什么是光圈？光圈的作用是什么？
◎ 什么是快门？快门的作用是什么？
◎ 什么是自动对焦？有哪几种模式及其特点？
◎ 数码相机的闪光灯的工作原理是什么？有哪些工作模式？
◎ 数码相机的“短片”模式有哪些标准？
◎ 数码相机中的防抖功能是什么意义？有哪些方式实现防抖？

第四章　数码相机的性能与设置

本章重点 »
介绍数码相机的设置意义。

学习目标 »
学会对数码相机进行设置操作。

建议学时 »
4学时。

第四章　数码相机的性能与设置

数码相机，功能齐全，使用方便，特别是卡片机小巧玲珑，广受喜爱。由于源于“数码”与“相机”，其诸多功能都是传统相机理论和数码理论二者的有机结合，使其基础知识含量大大提高，科学性含量贯穿始终，大大提高了数码相机的操控难度。要正确、有认知地使用数码相机，首先应该了解有关的性能及操控与设置。

第一节 ///// 感光度ISO

传统相机中，所使用的胶片对光线反应的敏感程度测量值，称为感光度。通常以ISO+数码表示，如ISO 100，常用的感光度值有50、100、200、400、800、1600等（目前最高为12800），基本按倍率进制排列。数码越大表示对光感的灵敏度高，感光性能越强；反之，数码越小表示对光感的灵敏度低，感光性能越弱。ISO数值越高就说明该感光材料的感光能力越强。ISO的计算公式为S=0.8/H（S为感光度，H为曝光量）。从公式中我们可以看出，感光度越高，对曝光量的要求就越少。ISO200的胶卷的感光速度是ISO100的两倍，换句话说在其他条件相同的情况下，ISO200胶卷所需要的曝光时间是ISO100胶卷的一半。

在数码相机中ISO定义和胶卷相同，代表着CCD或者CMOS感光元件的感光灵敏度，传统胶片有额定的ISO，一经装入相机，不能调整，而数码相机感光灵敏度的高低，可以通过设置来进行调节。通过调节等效感光度的大小，可以改变光源多少和图片亮度的数值。因此，感光度也成了间接控制图片亮度的数值因素。所有数码相机都可以对感光度进行设置，设置时主要根据被摄对象的亮度和运动速度来决定，如果把ISO基准设得低些，表示完成一张正常曝光量的照片CCD所需曝光量越高；如果把ISO基准设得高些，表示完成一张正常曝光量的照片CCD所需曝光量越低；在光线条件较好的情况下，通常设置感光度为ISO100，与胶片使用常规相当。在光线较暗、被摄对象运动速度快，就要把感光度设置得大些（如ISO400、ISO800），才可能获得清晰的、曝光正常的照片。

设置感光度并非越高越好。感光度越高，感光元件CCD或CMOS越会生成噪点，出现轻微色块分离，甚至色块分离干扰严重，暗部细节无法体现，图像有明显的颗粒感，放大后的效果较差，影响照片质量。所以高感光度的获得，是以牺牲图像质量为代价，不是特别环境条件，尽可能设置较低的感光度值。数码想机中ISO也可以设置在AUTO（自动）级，CCD根据检测图像光环境来自动进行调整。

下面是在相同条件下，分别使用两种ISO拍出的照片，成像品质大不一样。

图4-1 对同一景物分别用ISO 100（左）和ISO 1600（右）获得的图像。

第二节 ///// 白平衡

光线是有颜色的。对同一景物在不同光线下拍摄的照片表现的色彩是不一样的。造成这一色彩差异的因素是“色温”的变化。关于“色温”的理论，将在第六章第三节《光的色彩》中讲述。前面讲到感光元件CCD的第二层是“分色滤色片”，常用RGB原色分色法对R、G、B进行调整，RGB即三原色分色法，几乎所有人类眼睛可以识别的颜色，都可以通过红、绿、蓝来组成。也可分别添加（或减少）RGB来改变原有颜色，这就方便地控制图片色彩的变化。拍摄时应该调整色彩滤片的参数，使数码相机的“色温”内设置值等于或接近曝光时外色温值，这样就实现了色彩还原的平衡关系。因为调整时是以内外白光为平衡

图4-2 白平衡模式界面：自动 晴天 阴天 白炽灯 日光灯（暖）日光灯（冷） 自定义

基准，所以叫白平衡。只要白色还原，其他颜色也还原了。

传统胶片的“色温”是额定值，只适合一种白平衡关系（3200K或5500K），不能调整。数码相机的“色温”可以设置变动，适应所有日常色温的白平衡关系。

白平衡调整在美能达等牌号的数码相机上被称为色温补偿。

白平衡设置是使用数码相机重要操作手段，关系所拍摄照片色彩是否还原，或是否按主观意愿去刻意偏色温运行。

第三节 //// 色彩效果

鉴于上述CCD的第二层优秀的设计，不仅可以调整白平衡，使照片能准确还原景物的色彩，而且也能方便调整图片的灰度关系，由于灰度和色彩的变化，图片的色彩效果有着不同的模式，在数码相机的色彩效果模式中，各品牌设置内容会有差异，以佳能系为例，一般设有以下几种模式：

1.关闭效果 不增加任何滤片，保持景物原有色彩关系。通常使用该设置记录拍摄纪录性图片。

2.鲜艳效果 强调反差及颜色饱和度来拍摄鲜明的色彩。

3.中性效果 调低反差及颜色饱和度来拍摄中性的色彩。

4.柔和效果 柔化主体的轮廓拍摄。

5.旧照片效果 旧照片（棕）色调拍摄。

6.黑白效果 黑白拍摄。

传统胶片的性质决定照片的色彩，在拍摄时不能调整。数码相机的“色彩”可以设置更动，几乎可以变化出所有色彩色调关系。下面是同一景物，相同条件，几种不同色彩效果的照片，从中可以看出色彩对照片表现力的影响。

各品牌机型对色彩的控制模式都不一致。有的在“我的色彩”中预置更多模式，诸如“中性模式”、“正片效果”、“鲜艳

1.关闭效果指CCD不参与图片的色彩效正，保持景物原有色彩。

2.鲜艳效果指CCD滤色片加强三原色，使画面更为鲜艳。

红色”、“鲜艳蓝色”、“鲜艳绿色”、“加深肤色”、“淡化肤色”等，类型繁多，供不同需求选用。

3.怀旧效果指CCD滤色片仅保留画面的棕色，使画面呈现历经岁月的效果。

4.黑白效果指CCD取消色彩信息，仅保持亮度信息。

图4–3 几种色彩效果模式

图4–4 色彩效果模式界面

第四节 ///// 驱动模式

一、拍摄模式

1.单张拍摄 每按动一次快门，拍摄一张照片。

2.连续拍摄 每按动一次快门（较长时间按下快门不放），拍摄多张照片。根据机型不同，会有不同拍摄速度，有3.5张/秒、5张/秒、8张/秒、13张/秒等，甚至更高速度的连续拍摄（例如卡西欧EX-F1能够约60张/秒的速度连拍60张600万像素图片）。

二、辅助拼接

对于相机不能直接拍摄的广角场景，使用辅助拼接功能，按提示拍摄2幅或3幅或4幅图片，后期可方便地在计算机上进行拼接，以创建一幅全景式图像。拼接时可用拼接软件Panorama Maker、FaceOnBody等进行。在PhotoShop8.0中也新增了拼图功能，通过复杂的边缘探测和平滑计算，自动决定最佳的照片交叠度和混合度。在拍摄大场面的合影照片时就不用租用专业全景相机了。

辅助拼接功能在拍摄时应注意两点，其一，按界面提示，从右到左或从左到右进行拍摄，如果是竖向拼接可按从上到下或从下到上依次进行；其二，拍摄第二、三张时，需要参考照相机界面上提供的前面一张的拍摄边界，经人工瞄准进行“预拼”后，再按下快门完成拍摄。

其三，拍摄时应严格保持水平状态或垂直状态，借助依靠物体或使用三脚架都是可以选用的办法。

为了方便拍成拼接式全景照片，而又不必进行后期电脑拼接操作，于是出现自动拼接功能的相机，例如奥林巴斯μTOUGH8000、柯达Z1085is就是按机内自动合成模式设置的相机，操作非常简便，反应快速。其操作就是全景拼接，拍摄时只需注意第二、三张的拍摄需要

图4-5 佳能IXUS870 IS拼接界面

图4-6 用辅助拼接功能的2张拼接照片《木雅经塔》。

图4-7 柯达Z1085is机内合成模式，自动拼合三张成为一张的兵马俑展场全景照片。

掌握，上一张已拍照片的局部（显示屏上约1/4面积显示），与下一张取景画面的图像中相同画面部分取得重合时，即实现“预拼”后，按下快门完成拍摄。当完成第三张拍摄后，相机自动拼合三张成为一张全景照片。

三、自拍延时

按下快门后，延时执行快门动作时间，有2秒、5秒、10秒等时间可选。

第五节 ///// 测光模式

数码相机的测光全部都是用“透过镜头测光”，即所谓TTL测光，这种测光方式实际上是将成像部分的景物亮度对准在CCD上或在取景器上进行测光，其所测条件与摄影条件完全一致，所以所测曝光值准确率很高。而且这种TTL测光模式在更换相机镜头或摄影距离变化、添加滤色镜时均能进行自动校正，测光依然精准，也适用于高端相机使用。在TTL测光的基础上，拍摄者对图像画面中暗、亮的趋势要求不同，或对其取舍不同，又出现了很多可供选择的测光模式，诸如：平均测光、点测光和多点测光、中央重点加权平均测光、分区式测光（尼康、佳能等）、蜂巢式测光（索尼α900）、3D矩阵式测光等。在一部数码相机中，常设有几种测光方式供选用。

图4-8 测光方式设置界面，评价测光、中央重点测光、点测光模式用左右键选定。

一、平均测光

测光元件（多为Cds）通常位于单反机反光板后面，感光部分对拍摄范围的光线强度进行测光，获得平均值。根据这一平均值进行曝光。这种以平均值实施的曝光方式，当聚焦屏上影像的亮度和色调分布均匀时的确是不错的。如果被摄画面阴暗处占大部分，而被摄主体在较明亮处，若按平均测光方式的测光值进行曝光，得到的将是一张被摄主体曝光过度的照片；相反，若被摄画面以高光为主，则有可能得到一张主体曝光不足的照片。所以平均测光方式很快被其他测光方式所代替。这种测光方式已经退出，但这种方式是以后各种方式的基础，不得不提及。

二、多区域评价测光

多区域评价测光方式是将取景画面分割为若干个测光区域，每个区域独立测光后再行整体整合加权计算出一个整体的曝光值。现在随相机品牌级别不同，所分区域也不相同（可分为8～256区），各自独立测光后通过相机的中央处理器以及内建数据库进行分析与整合，运算出最终曝光值。运算过程中，将自动去掉最高亮区值及最低亮区值，削弱某些区域的权重。这种方式能够避免局部高光或局部暗光对测光的影响，大多可以获得准确曝光。

多区域评价测光是目前最先进的智能化测光方式之

一，是模拟人脑对拍摄时经常遇到的均匀或不均匀光照情况的一种判断。即使对测光不熟悉的人，用这种方式一般也能够得到曝光比较准确的片子。这种测光方式在某种意义上来说促进了全自动相机的发展。

这种测光模式更加适合于大场景的照片，例如风景、团体合影等，在拍摄光源角度比较正、光照比较均匀的场景时效果最好。适用拍摄用途：团体照片、家庭合影、一般的风景照片等。

三、中央重点平均测光

中央重点平均测光又称中央重点测光、偏重中央平均测光、侧重中央式测光、偏重中心平均测光、中央重点加权平均测光等。

由于通常照片的“兴趣点”是位于画面的中央部分，因而有一种测光思路是以图片画面的中心区为主要测光区域，测光读数以画面中央部分的亮度为主，即对中央部分的亮度最为敏感。同时，还要顾及各非中心区测光值，然后用“加权平均”数学概念运算，得出加权平均值，这一方式是中央部分的测光值对最终测光值的影响较大，同时兼顾被摄主体和四周景物的亮度。这一方式对被摄主体的测光精度较高，尤其适合于拍摄带风景的人物照片。但对于亮度不均匀或反差太大的场合，该方式仍然带有平均测光方式的缺点。

四、点测光

点测光方式不是对整个画面，而是对画面中央一个很小的区域进行测光，区域的大小一般为总画面的2%～5%，分布在画面中心区域，该区域与整个画面相比，可近似地看成是一个点，冠名“点测光”。这种方式可以精准获得被摄物体局部曝光值，是实施精确曝光不可缺少的手段。点测光方式配以长焦镜头，可以测得舞台主要拍摄对象的准确曝光。这是对多区域评价测光、中央重点平均测光方式的补充手段。高端相机还设有以点测光为基础的多点测光。

每部数码相机都会有几种测光方式，使用者一定要熟悉各种测光方式的特点，便于在不同场合选择出适当的测光方式。

第六节 ///// 曝光补偿

无论测光方式如何先进，必然不会对千变万化的场景全部适合，况且它是一种模式，不会理解人脑对拍摄的表现要求，对于场景中大面积白色或黑色时，测光系统往往会发生偏差，这就需要进行人为“曝光补偿”。这点，我们将在第六章《摄影用光》中讲述。

图4-9 曝光补偿界面

第七节 ///// 曝光模式

曝光的含义是：按下相机上快门释放按钮时，镜头光圈立即收缩到接近于设置的值，快门打开指定的时间量，将成像传感器暴露给通过镜头的光线，这就是摄影曝光的含义。

在传感器上形成图像所需的光线能量由测光系统决定。要想提供所需的光线量，需要正确地组合快门速度和光圈。通常快门速度和光圈的组合有很多种。选择不同的组合，可以得到同一曝光值的照片的不同的“语言”表达效果。

图4-10 Canon A650 IS拍摄模式拨盘

一、程序模式（P）

程序快门是由相机中的电脑根据厂商在出厂前预先输入的编制好的快门与光圈组合程序来控制曝光。在相机上通常用字母P表示。由于程序快门是在测得现场景物的EV值后根据预先编制的程序选择出最佳组合的快门和光圈的组合值来执行曝光，当光线较暗时，即出现大光圈慢速度的曝光组合；当光线极暗时，相机会自动开启闪光灯，进行闪光照明摄影。例如索尼T700机械式电子快门，全自动:1/4-1/1000秒（程序自动:1-1/1000秒）。程序模式（P）比自动模式（AUTO）有更多的快门与光圈组合值备选曝光。

在设计自动程序时，首先要保证照片的成功率，几乎所有厂家的P模式设计基础值都是高速值，以保证在测得EV值后，首先获得最大光圈值，同时优选出快门光圈值。

这种全自动模式，由相机智能性选择正确快门速度和光圈值，不必费神，抬手即拍，在拍摄对象环境变化多样、需要快速抓拍等情况下都能保证获得正确曝光，可以适应大多数情况下拍摄要求。对于快速摄影、新闻摄影以及让别人为您拍照时都很方便快捷。但过于“傻”化，弱化了拍摄乐趣，而且画面造型语言简单，不常被人选用。

二、光圈优先模式（A或Av）

这是一种半自动模式。由用户首先选择镜头的光圈或大或小的光圈值，相机自动按正常曝光值计算，配合与之合适的快门速度，实施曝光。

使用光圈优先的一个原因是控制景深。景深是指照片清晰的范围。在摄影者脑中随时都应保持这种概念：光圈大，景深短；光圈小，景深长。

从基本上讲，景深是指图像中什么部分场景能够清晰可见。较浅的景深意味着只有很少的一部分图像区域是清晰的（焦点及前后附近），较深的景深则意味着图像中的较大区域（焦点的前面和后面很长一段距离）都是清晰的。

要想获得较浅的景深，有三种方法：一是应使用较大的光圈（如f/2.2）；二是使用长焦距的镜头（如135mm）；三是靠近拍摄对象（如微距）。通常希望将拍摄对象与前景和背景分隔开时才这样做。反之，要想获得最大的景深，应该使用较小的光圈（如f/16）、广角镜头（如24mm）或远离拍摄对象（如10m）。通常在风景和建筑摄影中采用，目的是希望捕捉整个场景的细节。

使用光圈优先的第二个原因是控制快门速度。大光圈可获得更大光通量，即瞬时进光量更大，所以可配合使用较快的快门速度。因此，要确保相机使用最快的快门速度匹配，可将光圈设置为最大值。拍摄运动体或在暗淡光线下拍摄时，设置大光圈很有

图4-11 Canon A650 IS AV模式显示屏

用。反过来，设置小光圈可确保相机设置较慢的快门速度。捕捉运动轨迹或动与静的虚实对比是很有用的。

使用光圈优先，应把拍摄模盘拨在Av挡，此时显示屏显示的数字就是光圈值，再用多功能键左右方向（也有用上下方向）调整光圈到指定值，即可进行拍摄。有的机型使用触摸屏调整，有的机型使用拨盘调整，道理都是一样。

注意，有时相机可能无法提供匹配的快门速度（显示屏字色会由绿变红或其他字符提示），此时必须更改光圈或ISO才能使用相机快门速度范围内的速度。

三、快门优先模式（S或Tv）

这也是一种半自动模式。由用户首先选择镜头的快门或快或慢的快门值，相机自动按正常曝光值计算，配合与之合适的光圈值，实施曝光。

要想最大限度地减少因为相机拍摄时的抖动或图像中景物的移动所导致的图像模糊，可

图4-12 快门优先界面

设置较高的快门速度。无论是拍摄的对象正在移动，还是您从移动的车辆上进行拍摄，所需的快门速度取决于移动的速度和方向。例如：直接朝向你或远离你的移动就不如从左到右的移动显著。

因为较快的快门速度让传感器暴露在光线下的时间较短，所以获得清晰图像可能需要大光圈或较高的ISO。使用较慢的快门速度会让运动物体显得模糊，这可以更有效地表现运动。捕捉运动，则需要用较快的快门速度。

如果沿运动方向使用摇拍方式跟随拍摄对象，相机在摇动中按下快门，摇动时要求运动的被摄影物在显示屏上相对静止，而背景是模糊的。这种画面的动感强烈，表现力较强。这就是所谓“追拍”，拍摄难度较高。

使用快门优先，应把拍摄模盘拨在Tv挡，此时显示屏显示的数字就是快门值，用多功能键左右方向（也有用上下方向）调整快门到指定值，即可进行拍摄。

应当注意，有时相机可能无法提供匹配的光圈值（显示屏字色会由绿变红或其他字符提示），此时必须更改快门值或ISO，才能使用相机提供范围内的光圈值。

四、手动模式（M）

在手动模式中，快门速度和光圈设置都由手动控制。通常相机会提供图形或数字显示，提醒你现在的曝光设置与建议曝光量之间的差别。加号表明曝光量超过建议值；减号则表明曝光不足。拍摄对象可能欺骗相机的曝光表时，该模式很有用。像雪和婚纱这种白色的对象可能会让相机认为光线很亮；像很深的阴影和黑色燕尾服这种暗色的对象会让相机认为环境昏暗。可以根据场景的其他部分设置手动曝光，然后继续拍摄而无需担心对象亮度的变化。只要光线级别保持一致就可使用该方法。使用各种闪光灯输出来控制光线级别时也可以使用手动模式。在这些情况下，只能根据你的计算来确定相机的设置。

使用手动模式，应把拍摄模盘拨在M挡，此时显示屏显示的数字就是光圈值和快门值，这时按多功能左右键，可以调整光圈值或快门值其中之一，来改变曝光值。使用M挡，可以一边调曝光，一边预览成像结果，既方便又直观。有的机型如Canon A650，利用多功能键上下调节光圈的大小，左右调节快门速度，同时双向可调，十分方便。有的机型为方便M挡、Av挡、Tv挡调整，还专设拨盘，方便快捷使用。

在不少数码相机的拍摄模式拨盘上，除了P、AV、Tv、M四种模式之外还有不少模式，还设有SCN特殊场景模式，方便直观选择拍摄模式，诸如人像、风景、雪地、夜景等很多种。不同品牌的数码相机厂家，为不同场景设计了不同的内置模式，只要拨到相同的场景，相当于拨到相应的内置设置上。例如拨到雪地模式，就是把内置调到补偿曝光+2，把大面积白雪由第五区搬到第七区，使曝光正常；如拨在人像模式，就是内置设置调到焦距2～3m，使近距点都比较清晰，等等。其实，当我们掌握了以上四种模式，所有场景都足可应对。加之各厂家对拍摄模式表达不同，甚至图标都没有统一规定，对于各种场景模式，这里就不再一一介绍。

图4-13 Canon A650 IS M模式

第八节 分辨率

分辨率（Resolution）是影像清晰度或浓度的度量标准。分辨率是一个表示平面图像精细程度的概念，通常它是以横向和纵向点的数量来衡量的，表示成水平点数×垂直点数的形式。在一个固定的平面内，分辨率越高，意味着可使用的点数越多，图像越细致。数码相机的像素数和压缩率是决定照片最终效果的重要因素。所谓数码相机的记录像素数，简单说就是决定图像大小的数字。通常情况下，数字越大就越能够以更多的像素来拍摄更大尺寸的图像。胶片相机通过胶片的大小来决定照片的画质。而数码相机通过控制感应器所使用的像

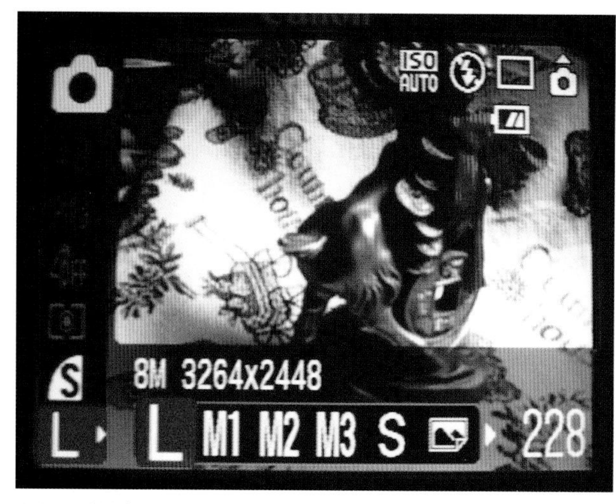

图4-14 分辨率设置界面

素，用1台相机就能够拍摄各种各样不同尺寸的图像。使用数码相机时可以自由选择照片的画质和图像的尺寸，方便地拍摄出符合用途要求的照片。

数码相机的分辨率大约是这样的规格：

4416×3312，3456×2592，3072×2304，

1600×1200，2272×1704，2048×1536，

1600×1200，1024×768，640×480。

在数码相机分辨率设置时，有的直接显示以上数值，有的改按L、M1、M2、S等英文字母表示大、中、小关系，其实是一样的。

分辨率设置，如果希望充分发挥相机的性能，最好采用高像素进行记录。应该说分辨率越高，图片的质量就越好，而且也留有图片质量的裁切空间。但是高分辨率会具有更大的数据文件，同样的存储卡，图像的数据容量变大，存储的图片张数会少一些。存入电脑硬盘，也会占用相对较多的资源。

如果仅是普通扩印照片，选用3072×2304，图片已是700百万像素，已经很好了。

第九节 ///// 压缩率

数码相机的图像，为了减少数据容量，在一张存储卡内记录尽可能多的照片，采用了所谓的压缩技术。如果没有这种压缩技术的话，一张照片的数据容量就会变得非常庞大，这种情况下不管买多大容量的卡也很快会被装满。而采用这种压缩技术，可以将未经压缩图像的数据容量减少到原来的1/4或1/8。当然，压缩也不全是优点。压缩会在一定程度上导致画质降低，画质比未经压缩的图像要粗糙。因此有必要根据照片的用途来选择图像的压缩率。

通常，压缩分为极精细、精细、一般等几个等级。如果是将照片打印进行欣赏的话，可以采用“精细（Fine）”这种压缩率比较低的模式。虽然还有“极精细（超精细）”这种画质模式，但因为压缩率低所以图像的容量非常大，比较难于处理。从这一点来说，精细模式在保持高画质的同时还能缩小图像的数据，非常方便。

图4-15 压缩比设置界面

平常采用“精细”模式拍摄的话就可以用于各种各样的用途。压缩率高的“一般”模式，虽然能够将图像数据压缩至最小，但不适用于大尺寸的打印。

[复习参考题]

◎ 什么是感光度ISO？怎样设定感光度值？

◎ 什么是白平衡？怎样设置白平衡？

◎ 什么是色彩效果模式？数码相机常用有哪些色彩模式？

◎ 什么是辅助拼接？完成一张全景照片的拍摄，有条件的应用电脑完成辅助拼接。

◎ 数码相机的常用测光模式有哪几种？各有什么含义？

◎ 什么是数码相机的程序模式（P）？

◎ 什么是数码相机的光圈优先模式（A或Av）？

◎ 什么是数码相机的快门优先模式（S或Tv）？

◎ 什么是数码相机的快门手动模式（M）？

◎ 什么是数码相机的分辨率？怎样设置分辨率？

◎ 什么是数码相机的压缩率？怎样设置压缩率？

第五章　数码相机的操作

本章重点》

1. 数码相机常用功能及操作。
2. 数码相机的持机手法。

学习目标》

1. 掌握数码相机常用功能及操作。
2. 掌握数码相机的持机手法。

建议学时》

8学时。

第五章　数码相机的操作

第一节 ///// 数码相机的外形及操控键

消费式单反数码相机的外壳由塑料或金属构成，造型优美，小巧玲珑，便于收藏或携带。品牌间各行其道，大展优势。各种数码相机功能会有差异，但其操作却大体相同，为方便认识，以Canon 650 IS 为例说明外形部件及控制件名称。

图5—1 Canona 650 IS正面视图

图5—2 Canona 650 IS背面视图（利用多功能键上下调节光圈的大小，左右调节快门速度）

一、数码相机机身的英文表示

控制屏常用英文及含义：

POWER	电源
MENU	菜单
MODE	模式
DISP （DISPLAY）	显示
FUNC SET （FUNCTION SET）	功能设置
T	长焦
W	广角

CANON系卡片数码相机控制屏常用操作键

Nikon系卡片数码相机控制屏常用操作键

图5—3 常见卡片机控制屏

二、数码相机的操作

1.数码相机是电器用品，使用前应按厂家规定，正确安装电池后，按动POWER键为开机。当使用完成后再次按动POWER键为关机。

2.按MENU（菜单）键，会出现使用数码相机的功能对话，这些对话一般都用“开”或“关”进行选择式确定。由于项目较多，配合使用多功键“上、下、左、右”进行选择调整（数码相机厂家不同，设置内容会有不同）。

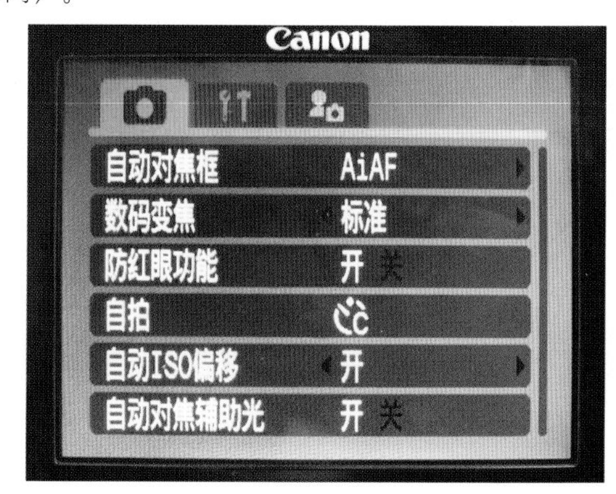

图5—4 基本功能设置界面

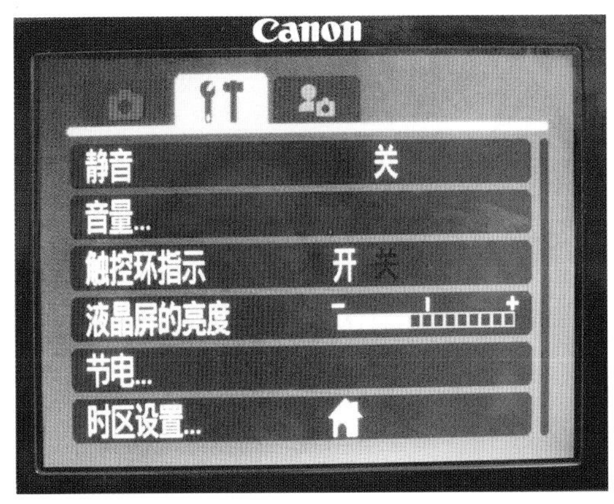

图5-5 使用工具设置界面

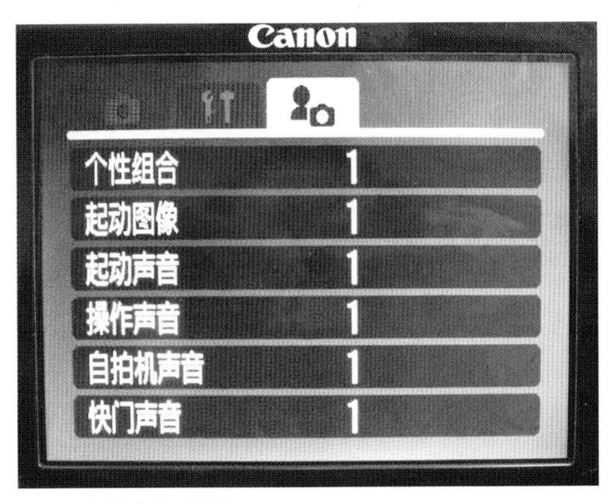

图5-6 个性化设置界面

3.数码相机使用时应对功能进行设置，（以佳能系为例）按FUNC SET（FUNCTION SET）键（功能设置），会出现功能选择对话框。

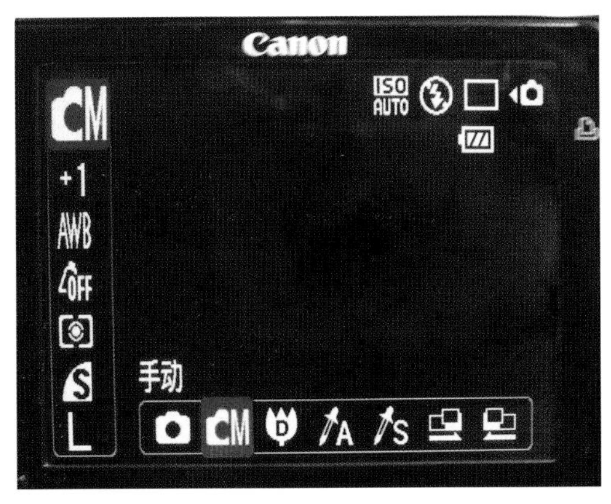

图5-7 功能设置界面

使用多功键（亦称十字键、左右键）“上、下、左、右”进行选择设置，设置完成后有的机型需按SET确认。

4.DISP （DISPLAY），显示屏开关键。无论什么数码相机，都在两种状态下工作：拍摄状态或回放状态。在以上两种状态下显示屏的表现是不同的：

（1）拍摄模式时：场景或黑屏，场景图像可以直接用于观看构图和捕捉取景。如果再次按动DISP键，显示屏关闭，取景改用取景框取景，这将带来两种变化，一是相机取消了最大耗电功能，大大省电，对较长外出充电困难是极大方便，二是相机改用旁轴取景，视差会增大，取景时应加注意。

（2）播放模式时有三种状态：

①标准显示→②详细显示→3.无显示（字符）

图5-8 播放标准显示时的图像字符显示及意义

图5-9 播放详细显示时的图像字符显示及意义（直方图）

图5-10 播放无显示（字符）

5. 变焦控制拨钮W-T，W在拍摄模式时是变焦镜头的初始焦距；播放时使用变焦环（或钮）W可回放多图，便于用多功能键选看。

图5-11 在拍摄模式时表示使用广角拍摄，也是变焦镜头的初始角度。

图5-12 在播放时使用变焦环（或钮）W可回放多图（索引播放），便于用多功能键选看。

6. W-T拨钮在拍摄模式时是变焦镜头拨动工具，拨动T拨钮，可实现镜头向长焦方向变焦。播放时使用变焦环（或钮）T可放大图像任何局部审看，多功能键可调整审看的各部分。

图5-13 在拍摄模式时，使用W拍得的大门。（牌匾白框是PS的）

图5-14 在同一位置，用T键调整变焦镜（光学变焦）为7.8倍时拍得的门牌。

图5-15 在同一位置，用T键继续调整变焦镜为（7.8倍之后为数码头变焦）15倍时拍得的门牌。

图5-16 回放模式时使用T键放大图5-10局部图

第二节 ///// 拍出好照片的持机方法

由于数码相机的CCD面积较小，焦距相对较短，因而技术上比胶片相机对持机的要求相对要低些。但随便拿着就拍，照片也可能出现毛病。失败的照片大多数都是对焦不准或手抖动这样的低级错误造成的。其原因很多时候是因为持机姿势不正确。手持相机拍摄时，正确持机的基本要点是使用双手。如果单手进行拍摄的话，会造成手抖动现象。还有可能因相机前后晃动而导致焦点位置移动，造成对焦模糊。

数码相机是通过观察背面的液晶显示屏来进行拍摄的，所以手臂的位置和伸出方法都很重要。注意微夹紧腋下，手臂不要伸太远，稳持相机。保持放松和姿势的稳定，可以降低手抖动及对焦模糊照片产生的可能性。特别是在光线不足的地方，快门速度降低，更容易发生手抖动现象。但只要能够保持稳定的持机方式，就能减少失败。

以正确的持机方法进行拍摄，可以提高照片画质，拍摄出更佳的效果。

为保护相机安全，使用时应务必养成将相机挂绳套在手腕上的习惯，以防万一。

一、横向持机

双手稳固地拿住相机，不要把手臂伸得太直，理想的形态是稍微留点调整量。双腋下轻轻夹紧，保证相机不会左右晃动。不仅仅用手支撑相机，还要将重量分散至胳膊和身体上。虽然说要避免手抖动，但持机不要过分用力。过分用力会导致胳膊轻微颤抖，反而会造成手抖动。应该放松胳膊，保持自然的姿势。

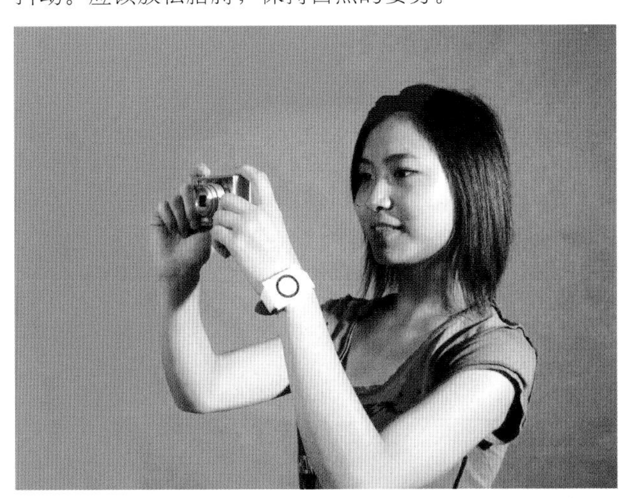

图5-17 横向持机（双手持机更为稳妥）

二、纵向持机

用双手稳固地拿住相机，基本的姿势与横向持机大体相同。不过，纵向持机与横向持机相比，因为受相机形状的影响，有点不稳定，所以要用处于下方的手支撑相机，位于上方的手轻轻握住相机。肘部的位置也比横向持机时容易失去平衡，注意手腕要稍微向外翻。

图5-18 纵向持机

三、举起双手从高处进行拍摄

在人多的场所，如果无法从视线高度拍摄，可以举高双手从高处位置进行拍摄。但是采用这种方法时，手腕的负担比采用普通高度拍摄时要大，更容易引起手抖动。最好是放弃在无法保持稳定的太高的位置进行拍摄，并缩短拍摄时间避免手腕出现疲劳。将双手举到同一高度，保持稳定的姿势，拿稳相机。略微分开双腿，保持身体的稳定，这样可以更好地防止手抖动。

图5-19 举起双手从高处进行拍摄

四、向低处进行拍摄

被摄体处于较低位置时，不能光从上方进行拍摄，还可以降低至与被摄体相同的高度进行拍摄。这种情况下，如果一条腿的膝盖支撑地面下蹲的话，姿势会更加稳定。上半身的姿势保持与通常站立拍摄时一样即可。如果需要更低位置拍摄时，可以将肘部架到膝盖上进行拍摄。如果能跪下拍摄，会比站立拍摄时更稳定。在昏暗的场所进行拍摄时或使用变焦镜头的远摄范围进行拍摄时也是很有效的姿势。

图5-20 向低处进行拍摄（蹲姿或跪姿）

五、充分利用周围的物品

拍摄时如果因光线不足或风较强而无法保持稳定的姿势时，可以利用周围的物体固定相机。如图所示，仅需将相机顶在树上，就能够获得良好的效果。除此之外，还可以利用身边的扶手或桌子等各种各样的物品。采用这种方法对拍摄夜景等也很有效。不过要注意，在将快门按钮按到底之前，一定要保持姿势不变，避免不小心使相机晃动。

图5-21 拍摄时应充分利用周围的物品稳固相机

六、半快门操作

对于照相机而言，按下快门即完成拍摄，但在按下这一瞬，需要准备和完成的内容太多，所以照相机在设计快门的时候，把快门分成两段，即“半快门”与“快门”。快门按下一半称为半快门。数码相机要通过半按快门，才能完成一系列的测试功能，包括启动测光、启动聚焦、启动其他相关的辅助功能。相机需要一定的时间进行这项工作，这个时间我们也把它叫做数码相机拍摄的“滞后性”。所以用数码相机拍摄时，半按快门后要稍微等待，让过这个时间间隙，才可全按快门拍摄照片，也就是说你做了“半按快门”这个操作。当然相机的性能越好，它的滞后间隙就越短。同时，半快门还可以有效避免因直接迅速地按下快门的惯性带来的抖动。

半按快门后，手指不要松开，可以再重新进行构图（如果想将主体放于对焦点之外的地方），然后按下快门进行曝光，这不仅能有效缩短“时滞”，还可以大大降低拍摄时候的人为震动，非常有利于对精彩一瞬的“抓拍”。所以，一定要养成拍摄时使用“半快门”的习惯。

图5-22 使用“半快门”可抓拍到抛起围巾的精彩瞬间，给图片带来活力。

[复习参考题]

◎ 以任何数码相机为例说明外形部件及控制件名称。
◎ 怎样进行数码相机使用时功能设置？
◎ 分别说明显示屏开关键DISP（DISPLAY）在拍摄和回放模式的作用。
◎ 分别说明T键和W键在拍摄和回放模式的作用。
◎ 什么是保证拍出好照片的持机方法？

第六章　摄影用光

本章重点 》

认识"光"的强度、方向、色彩特性。

学习目标 》

1.从光的强度特点中，了解"区域曝光"理论，掌握正确的拍摄曝光方法，并了解直方图的意义及应用。

2.从光的方向特点中，掌握不同方向的光线下，图片的不同表现力。

3.从光的色彩特点中，了解色温的意义，并掌握白平衡的设置与调整。

建议学时 》

16学时。

第六章　摄影用光

光是摄影的命脉和灵魂。所谓的光影随行，就是指光线与画面影调之间的相互依存密不可分的关系。掌握摄影用光，无异于掌握用光来描绘绚丽多彩的摄影世界。

对于光的理论认识，各学科有不同的认知，在摄影领域更多地认为光是能量源。能量是可以相互转换的。动能可以转换成光能，光能也可以转换为电能。聚焦镜燃烧纸屑也是能量传递转换。在传统摄影中，光能作用于胶片感光剂，使胶片储存了化学变化的能量，从而形成“潜像”并最终成像。光照为能量源，不仅决定着成像，能量源值的准确度还决定着成像的品质，多则过，少则欠。光能转换为电能成像是数码摄影的最基本特点。

对于摄影科学，“光”还有其特点必须要认识。

第一节 ///// 光的强度

一、光强度的基本概念

光的强度指光线能量的相对强弱。或阳光灿烂，或月色朦胧，周而复始的昼夜交替，光的强度不断变化。人的视觉可以粗略地感知光的强弱。摄影是依赖光线的，必须对光的强弱度进行科学的“量化”，才能有客观的光强度标准，于是摄影科学发明了“测光表”。测光表可以方便地测出光线的强弱值。由于不同景物在同一强度光线下，亮度会有不同，测光表还可以准确地测出照射景物后反射光的强弱。并结合摄影中的光圈快门连动关系，这就为摄影科学确定了一个量化标准，定名为EV值，EV值就是摄影的曝光值。

为什么摄影测光表测得的光亮值叫EV值，这在科学定义上是司空见惯的事。同样是测光的强度，物理学科上有白度仪，而建筑学上叫照度计，这是因为它们分别融入本门学科的其他条件或因素，使之能更准确方便地表达本质。摄像学科上的EV值不仅反映场景的光线强弱度，而且能更进一步直接标定出在这一光线强弱度时的光圈和快门值。无需换算，以此为依据进行拍摄，就会获得准确的曝光。

EV值按自然数列排序，为EV0、EV1、EV2……EV15、EV16、EV17等，其特点仍然是倍率制设置，即每相邻级数间按2倍率递增或按1/2倍率递减，原因是EV值所代表的光圈值和快门值都是按倍率关系排序的。

EV值从测光表中直接读出，同时可显示在这个值下可多个执行的光圈、快门组合值。如测得某场景曝光值是EV13，所对应的光圈和快门值可以有多种组合，表中列出6种组合，分别为f/22、1/15，f/16、1/30，f/11、1/60，f/8、1/125等，每一组组合的曝光值都是EV13，就是说无论选择哪一组，曝光都是准确的。

	EV13					
光圈	f/2.8	f/4	f/5.6	f/8	f/11	f/22
快门	1/500	1/250	1/125	1/60	1/30	1/15

图6—1 EV值与光圈快门组

从上表中可以看出，同样曝光准确，使用f/22、1/15组合与使用f/2.8、1/500组合所拍的图片的表现是会很不一样的，前者景深长，几乎所有景物都清晰表现，而后者景深很短，很容易获得虚实对比图片画面。这在图片的主题展示和意境表达上是十分重要的。另一方面从选用的拍摄条件看，前者曝光时间较长，不易持稳相机，而后者曝光时间极短，易于持稳相机，成功率较高。因此我们不仅需要曝光准确，更需要光圈、快门值的组合得当。

随着社会科学的发展，人们在光强度对拍摄影响的驾驭能力由原始主观“估光”，到使用测光表，客观认定光的强度值，并且由摄影人依测光表值，分别选定光圈值和快门值；再到测光表经缩微后内置于相机内，摄影人使用相机取景时，同时观察并调整光圈、快门值；最后到测光表所测得曝光正常数据经过运算处理，自动调整光圈、快门值，实现电子、机械一体化。现在的数码相机，对光的强度的分析和处理能力已经超乎寻常，几乎“百发百中”，而且一体化联动，无需考虑曝光中的一般性问题，已经相当简单化、“傻化”。

尽管如此，EV值的理论概念却一点没变。为什么在很多相机上没有这个数值的明显标志呢？这是因为在数码相机中，通过TTL测到的EV值已成为正常曝光的“默认”值，不必显示而直接转换为相对应的光圈值、快门组合值，并使之联动预置到位。所以常见只有光圈值和快门值了。但一些数码相机（如索尼系）在“曝光补偿”模式中，其补偿值仍然使用EV值概念。其他任何数码相机上的“曝光补偿”，尽管没有标明，其实调整的就是EV值。

在太阳光照射下，各种受光物体会产生明暗的区别，这是因为物体受光时吸收了部分光能量，同时反射出部分光能量，由于各种物体的特性不同，对同一光强的阳光反射量也不同。测出太阳直射光强度，再测出受光物体反射回来的光强度，两者之比称为“反光率”。反光率高的物体亮度就高，表现在人的视觉中就是亮或白；反光率低的物体，亮度就低，表现在人的视觉中就是暗或黑；反光率比较客观地反映了不同物体在同一光强下实际亮度，我们常用反光率来表示物体的亮度。例如，在同一光照下，反光率为20%的物体肯定比反光率为10%的物体显得亮。

有人做了一个关于各种物质反光率的实验，发现有一种白色物质氯化钡，其反光率高达96%～98%，而黑色丝绒的反光率仅为1.6%～3.2%，这两种物质基本表现了反光率的极限值，根据EV值所表达的曝光量呈倍率增减的关系，大致可以绘制出下列图表：

测物体反光率：设反光率为 100%--0%

氯化钡 96-98%　　　　黑丝绒 1.6-3.2%

%比	100%	50%	25%	12.5%	6.5%	3.2%	1.6%	0.8%
倍率	1	1/2	1/4	1/8	1/16	1/32	1/64	1/128
区域	1	2	3	4	5	6	7	

图6-2

由全程反射率所表现出来的，按摄影理论排列的亮度由100%～50%为一级，50%～25%为一级……共有七个级别。实际上我们可以把它理解为人眼可视光的全程。

这样，我们再来理解著名美国摄影家安塞尔·亚当斯关于区域曝光的理论就会方便一些。亚当斯把光的亮度级别转变到黑白胶片上的黑白级别，再转换到黑白照片纸上的灰底级别并联系到一起，对应成序。也就是说，在其他条件相同的情况下，假如光的亮度为10级，每级拍一张黑白底片，每张底片映出一张黑白照片，把这些含有由白到黑，并含有其间所有灰度的黑白照片排列起来，就可以得到下列10个灰度级别的谱系。

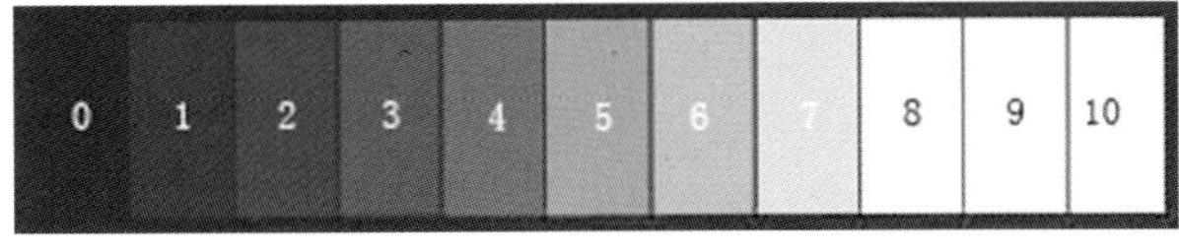

图6-3　十个灰度级别的谱系

亚当斯认为，从照片的适用度而言，0区代表照片上能够获得的最大黑度，1区代表第一个能够分辨的黑灰影调……9区代表最后一个能分辨的白调区域，10区代表纯白。它们都不能记录物体的细部质感，只有其间的2～8区的七个区域能够分别表现物体的细部质感。而且每相邻区域之间，相当于增加或减少一级光圈或一级快门的曝光量。这就是亚当斯的“区域”曝光理论的一个意义。

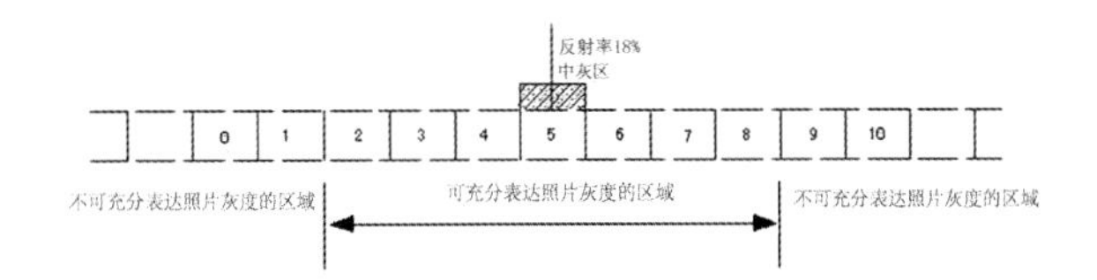

图6-4　“区域”曝光理论的分区原理示意图

在实际上，拍摄并冲洗出一张满含七级区域级别的黑白照片是相当困难的，它包含了前期拍摄、后期冲洗工艺及器材、相纸的选用等多个环节。而亚当斯不仅是这一理论的发明者，更是应用的佼佼者。亚当斯这一摄影科学的基本理论，今天仍然指导着数码相机的摄影领域。

由于生成照片的介质不同，其展现出来的灰度级别也会不同，理论上：完美的拍摄制作的黑白照片可以表现七级灰度，与人眼可视范围大体相同；同样通过用彩色胶片制作的彩色照片，最好的却只能表现六级灰度，大致是人眼可视范围的1/2；而用数码相机拍摄制作的照片仅可以表现五级灰度，大约是人眼可视范围的1/3。

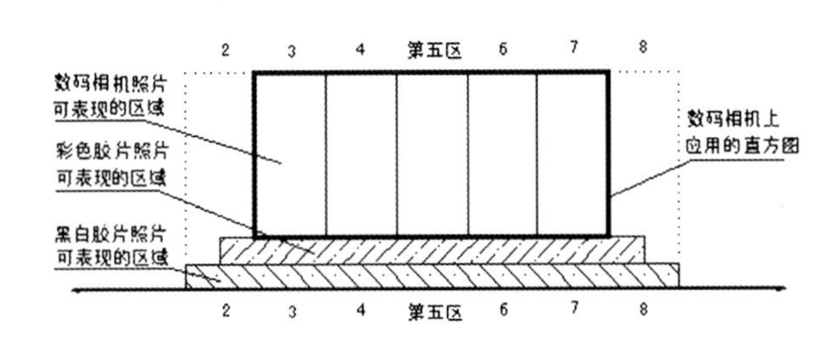

图6-5 不同介质的表现区域图

亚当斯区域理论内容还确定第五区为中灰区，因其反光率为18%，就可以按照测光表提供的数据进行拍摄而还原的影像影调，并以此作摄影测光的基准。世界上任何一台测光表都是表示的这一反光率的曝光值，或与其对应的光圈、快门值。世界上任何一台照相机测光联动的照相机也都是按测得反光率18%为基准的。

二、曝光补偿

以测光表测得的数据进行曝光所获得的照片，其曝光大部分是精准的。但是尽管对于曝光的分区测得已经很细，再经电脑运算，有时也会出现曝光的误差，其实这时测光仍然是按18%为基准。这不是测光的错，这种差别是摄影者的主观要求与电脑设置的差异。这种差异多半发生在画面处于大面积的白色背景或黑色背景的时候，如果整个测光区域的整体反射率大约18%，就像我们上面说的背景以白色调为主，这时如果按照相机自动测光测定的光圈快门值来拍摄的话，拍摄得到的照片白色的背景看起来会显得发灰，将会是一张欠曝光的照片，因为这时测光系统已经把大面积的白色按中灰的色调进行还原处理，如果是一张白纸的话，拍摄出来就会变成一张灰纸了。所以，拍摄反光率过多大于18%的场景，需要增加相机的EV值，进行曝光补偿，具体补偿的EV值则需要根据具体情况再分析了，此时经验就显得非常重要。反之，如果拍摄反光率过多低于18%的场景，例如黑色的背景，拍出的照片往往会曝光过度，黑色的背景也会变成灰色。所以，拍摄反光率过多低于18%的场景，需要减少EV曝光，这就是我们常说的“白加黑减”的补偿原理。

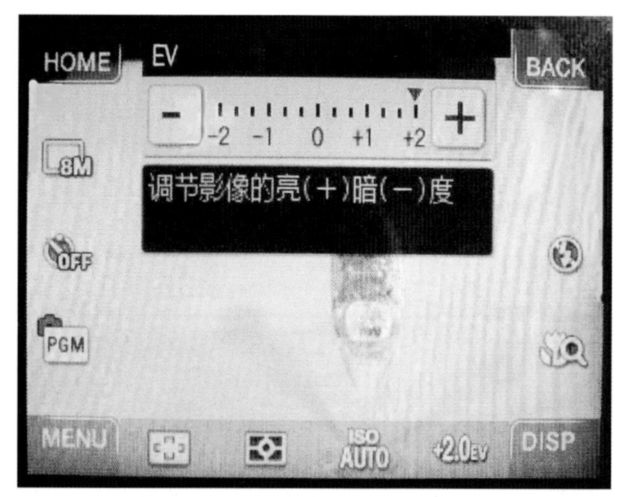

图6-6 SONY系相机的曝光补偿界面标明补偿值就是EV值。

数码相机一般都设置有“曝光补偿”增减各2挡，有的增减各3挡，其间每挡再分成1/3挡细调，供摄影者根据现场情况对数码相机所测的EV数据，并以此进行的光圈、快门值进行增加或减少的“补偿”，这种称之为补偿的功能，实际上就是对曝光值的修正。

例如被摄对象是雪地人像，因大面积白色背景会影响曝光值的正确性，拍出的人物会过暗，雪也不白，这时需要打开“曝光补偿”，并调整“补偿”值至+1或+2；当遇到相反的情况，画面出现大面积黑背景时，调整“补偿”值至-1或-2。有的机型的数码相机在调整“曝光补偿”值的同时，在显示屏上可以预览调整后的结果，补偿准确，非常直观、方便。

1.经过补偿（EV-1.6）的照片

2.经过补偿（EV+1.3）的照片

图6-7 高、中亮度的主体景物，落在低亮度背景上，或反过来，都应进行“曝光补偿”，以获得主体景物的正确曝光。

三、直方图

前面已经提及构成图片的最小单位是像素。像素在记录图片信息时，同时记录了两种信息元素：色相和亮度。如果去掉色相元素，改按亮度级别进行排列，就构成直方图。数码摄影中，这些按亮度级别排列的像素，只能排列在可以表现灰度级谱中的3～7区，计五个区域中。

直方图表达了图片像素亮度关系，它以坐标轴上波形图的形式显示照片的曝光精度，其横轴表示亮度等级，从左侧0（暗色调）到右侧255（亮色调），将照片的亮度等级分为256级；而纵轴则表示每个亮度等级下的像素个数，将所拍图片的所有像素形成直方图波形；其次直方图也显示图片的灰度关系，它以灰度级谱中的五个区域为标准，像素在各区域中的分布，就是图片中有关黑灰白灰度的分布。

直方图可以清楚、直观、科学地反映图片的灰度关系，所有数码相机在回放模式中都同时显现其对应的直方图。一些相机在拍摄模式下，也显示其图像及对应的直方图。

图6-8 在数码相机上看到的直方图，显示像素分区排列。

由于直方图能够科学地而不是凭肉眼的主观印象来显示照片的暗调、中间调及高光等的影调分布，反映拍摄时的曝光情况，所以直方图能够显示曝光是否准确。

不仅如此，由于构成图片的所有像素重新按灰度级别进行排列，根据这些排列方式和排列特点，对于若干

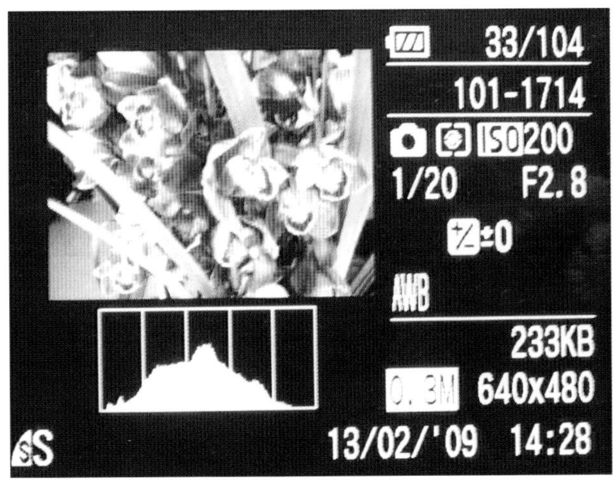

图6-9 直方图显示以第五区为主的正确曝光

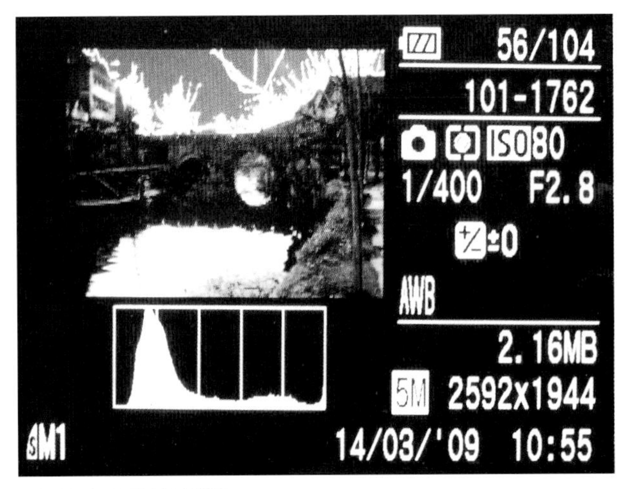

图6-10 直方图显示欠曝光

摄影的技术形态也可以清晰表现。

四、影调

在评定摄影作品的时候，黑白摄影讲究影调，彩色摄影强调色调。影调与色调都是为了表现摄影艺术的画面。由于彩色摄影中构成图片的每个像素都承载不同的灰度级，所以彩色照片也常用影调考评。依照影调调子的不同，摄影作品主要分为三个类型，即高调、中间调、低调。直方图可以科学、客观地反映出这三种影调的特点来。

1.高调

高调的作品是以中灰到白的影调层次，占了画面的绝大部分，从而构成照片的基调。高调作品给人以明朗、纯洁、轻盈、高雅、清秀的感觉。如果从另一面意境去表达，也会传递惨淡、空虚、悲哀的感觉。高调的作品在直方图上，像素大量分布在高亮区、亮区及中灰区。

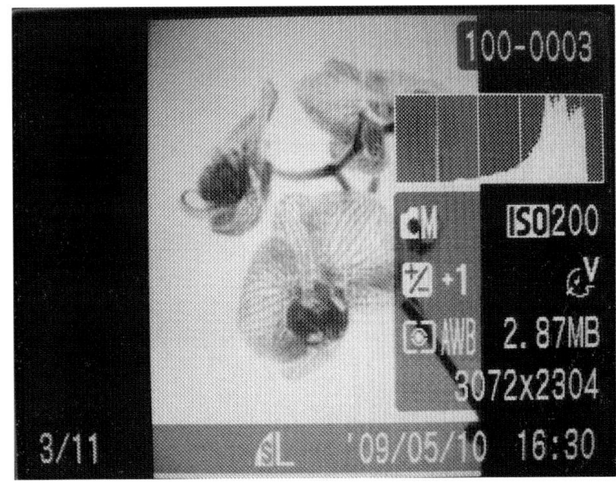

图6-11 高调的作品直方图

2.中间调

中间调的作品以灰调为主，由深灰到浅灰的丰富影调在画面中占绝对优势而组成的调子。中间调主区处于高调和低调之间，影像以白至浅灰、深灰至黑的影调层次构成，画面影调反差适中，层次丰富。中间调画面各影调层次都能很好地反映，画面能够充分表现质感，立体感强，是摄影中最常见的一种影调画面。中间调的作品在直方图上，像素大量分布在中灰区、亮区、次暗区，其次是高亮区、暗区。

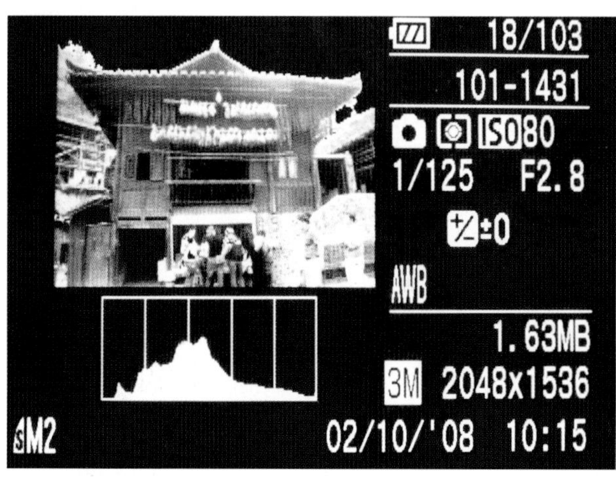

图6–12 中间调作品的直方图

3.低调

低调作品是以中灰、深灰及黑色影调为基调的照片。低调作品形成凝重、深沉、厚重、庄严和刚毅的感觉。反之，它又会给人以神秘、黑暗、阴森、恐惧之感。低调作品在直方图上，像素大量分布在暗区、次暗区及中灰区。

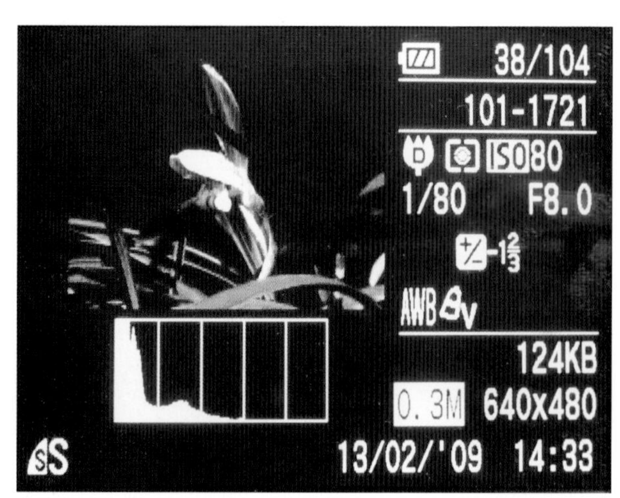

图6–13 低调照片及直方图

4.软调

软调照片明暗反差较小，画面中表现中间层次过度细腻，对细节有深入具体的呈现，对高亮区和暗区不突出。往往给人以柔和、含蓄、朴素或凄凉、压抑之感。软调照片多在散射光环境下拍摄，在光线方向性表现不强时，如阴天、雾景或室内等软光环境容易得到。软调作品在直方图上，像素大量集中分布在中灰区、次暗区或次亮区。

1.软调照片

2.软调照片在电脑Photoshop中所显示的直方图（不显示分区）。

图6–14 软调照片及其直方图

5.灰调

照片反差适中，画面具有从暗到亮的丰富的影调，层次丰富，细节充分，画面和谐自然。灰调照片的光源条件通常是阳光普照或者多云的晴天、光线明亮，且方向性显著，同时反射充分，在景物之间能够形成明显的明暗对比，层次过渡细腻，立体感强，在大多数光照充分条件下都能获得。灰调作品在直方图上，像素相对均匀分布在各个区中。

1.灰调照片

2.灰调照片所显示的直方图

图6–15 灰调照片电脑Photoshop中所显示的直方图（不显示分区）。

6.硬调

硬调画面明暗对比大，反差强烈，大部分影调被分别压缩在亮、暗两端，视觉效果独特，画面简洁单纯。硬调照片缺少中间层次，立体感较弱，装饰性较强。往往给人一种生气、力量、兴奋之感。硬调作品在直方图上，像素相对集中分布在明区与暗区两端，有典型双峰图形。

直方图被广泛应用到数码相机和后期处理软件中，作为判断照片曝光是否正确的辅助工具。直方图是灰度直方图的简称，在电脑上则被更多地用来审看图片的灰度关系。在用Photoshop进行后期处理时，我们可以点击“窗口→直方图”，打开直方图显示窗口，这样在打开照片时就可直接看到该照片的直方图形状，为调整照片亮度和确认图片的灰度关系提供科学依据。

1.硬调照片

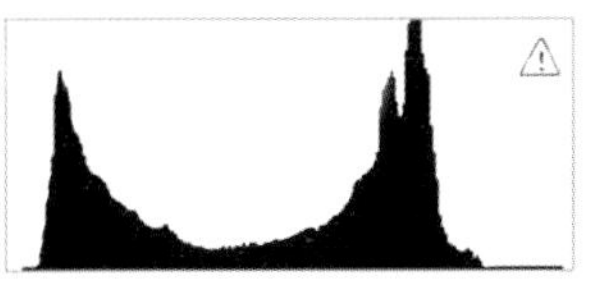

2.硬调照片在电脑Photoshop中直方图（不显示分区）。

图6–16 硬调照片电脑Photoshop中所显示的直方图（不显示分区），其特点是呈驼峰状，暗区和亮区比较突出。

第二节 ///// 光的方向

光线是沿直线传播，且具有明显的方向性。判断光的方向是以相对标准方向为基准的。同样是一个光源，当脸面迎着拍摄时叫正面光，而背向时叫逆光。根据被摄物体与摄影师可以获得众多方向的光线的情况，我们大体可以归纳为5种方向的光位：

顺光 、45° 侧光、 90° 侧光、逆光、顶光。

为方便了解，我们将这几种光线的方向位置关系绘在

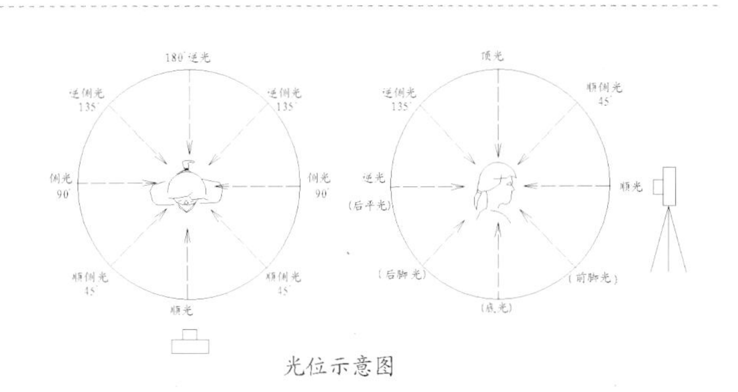

图6–17 光位示意图

图6–17，光位图中的光源可以是日光，也可以是灯光。

一、顺光

顺光也称正面光，拍照片时太阳在摄影师的身后，而光线沿摄影师直接照射被摄景物，使三者在同一条直线上。被摄体的阴影部分都会被自身蔽盖，被摄体的所有部分都直接沐浴在光线中，朝向相机部分全部有光。其结果是展现出一个几乎没有色调和层次的影像。由于深度和轮廓靠光和阴影的相互线作用来表现，正面光制造出一种平面的二维感觉，因此通常被称为平光。因此，顺光的特点是光照均匀、影调明快。对于希望清晰展现景物细节和色彩关系，或着力表现女性光滑的皮肤是常用手段。

顺光由于没有阴影，因此影像的立体感较差，影调层次不显丰富，画面缺乏深度，不利于表现空间感，很容易给人平板的感觉。

图6–18 顺光照片光照均匀、影调明快。 张秀芬摄

二、45° 侧光

45° 侧光也称顺侧光（斜侧光），是指光源从被摄体的左前侧或右前侧射来的光线，如果光线与被摄体成45° 左右的角度时，即是45° 侧光，这种光线比较符合人们日常的视觉习惯，在顺侧光的照明下，被摄体大部分受光，投影落在斜侧面，有明显的高光区域和暗部区域，影调有丰富的明暗过渡也有影调明暗对比，层次细腻，富于立体感表现，可较好地表现被摄体的立体形态和表面质感，这种光线在人物摄影中使用比较普遍。当用前侧光为主光时，暗面可以进行补光，以取得影调层次丰富、明暗反差和谐的效果，从而较好地表现人物的外形特征和内心情绪。在室外，宜于在上午九十点钟和下午三四点钟，这时日光与地面夹角也在45°，被许多人认为是人像摄影的最佳光线类型。事实上，室内拍摄人像使用的主要光线，多数也为45° 侧光。

图6–19 45° 顺侧光是人物造型常用光 张秀芬摄

三、90° 侧光

90° 侧光是指光源从被摄体的左侧或右侧射来的光线。如果光线与被摄体成90° 左右的角度时，称为侧光。90° 侧光较顺侧光更具反差。在侧光的照明下，投影落在侧面，景物的明暗阶调各占一半，能比较突出地表现被摄景物的立体感、表面质感和空间纵深感，造型效果好。投影在摄影作品中有强烈的艺术表现能力，正如俗话所说“形影不离，影随形变”。经过变形的投影不仅变幻莫测，而且在画面上又是形态物体的“重复”，一方面在画面上强调了形态物体，另一方面，能形成投影的场景肯定艳阳高照，画面上呈现深暗的阴影，无疑可以获得影调的对比或平衡，所以投影在画面中的出现，应该很好地加以把握。特别是在拍摄浮雕、石刻、水纹、沙漠以及各种表面结构粗糙的物体时，利用侧光照明，可获得鲜明的质感。如采用侧光拍摄风光照片，画面层次丰富，立体感和空间感强。一般来说，90° 的侧光拍摄人像时，应特别注意，因为侧光明暗影调缺乏温和的过渡层次，面部影调对比会很大，中间层次较少，过度生硬，造成人的脸部半明半暗。但有时用侧光也能较好地表现人物的性格特征和精神面貌。

运用侧光和前侧光摄影，应注意要很好地利用侧光所形成的光影来安排画面构图，通过对光影的合理安排，力求达到比较理想的画面效果。那些浓浓的投影与明亮的景物对比，会带来强调光明和黑暗强烈对比的戏剧性效果。因此，这种光有时被称作“结构光线”，具有较强的装饰性。

图6-20 侧光往往伴随各种投影，不仅使被摄景物产生变异的重复，还会以黑色和深灰加强图片的影调对比，赋予图片装饰感。 方维源摄

四、侧逆光

从光位看，侧逆光是从被摄景物左、右后侧面的135°左右射向被摄体的光，被摄体的受光面占1/3，背光面占2/3。从光比看，被摄体和背景处在暗处或2/3面积在暗处，因此明与暗的光比大，反差强烈。这时光线效果特别，逆光对不透明景物边缘部分产生亮线勾勒，强烈表现被摄景物的外轮廓，故美称“轮廓光”。不仅如此，“轮廓光”还可以将被摄景物与背景分离开来，让画面更具立体感、空间纵深感，因此又获“隔离光”殊荣。对透明或半透明物体产生透射光，对被摄景物的色彩会表达得淋漓尽致。例如对逆光透射下的红叶、灯笼等会产生鲜艳夺目的效果。对液体或水面涟漪会产生耀眼闪烁星光。所有这些对增强摄影创作的艺术效果无疑是很有价值的，是舍此不能的。有一种针对摄影用光的观点认为：无“逆”不美。足以表现逆光在摄影艺术中的重要地位。

应该注意，对处于逆光状态下的景物，大部分面积处于暗部，这时数码相机的自动测光曝光往往会发生偏差，这会增加摄影的难度。这种情况可以用“曝光补偿”进行修正，即是在预测的曝光值基础上减少1～2挡级曝光。如果是以拍摄人物为主的画面，可以进行反光板反射补光，或用闪光灯进行闪光补光，以使处于暗部的主体获得适度的亮度。

图6-21 侧逆光可以勾勒景物主体，突出主题。康大荃摄

五、逆光

逆光是指光源从被摄物的后面对着镜头照过来的光线，称之为逆光。也称“背光”或“正逆光”。其实，“正逆光”与“侧逆光”在其光线效果表现上基本相同，操作把握也没有更多区别，只是“正逆光”来得更“正”，光源的方向性更强，它必须来自被摄景物的上方或后方。由于方向正，被摄景物所形成的逆光勾勒线对称性很好，电视演播室常用正逆光，以塑造主持人的端庄气质。

当逆光“正”得使光源、被摄景物、数码相机达到同一轴线时，称为“后平光”。后平光可以使被摄景物四周形成逆光勾勒线，具有特殊美感。特别用在对女性进行造型渲染时，后平光表现强调出女性的妩媚与优雅，独具一格，有着不同寻常的视觉效果。

高亮度背景，也是融合了多种角度的逆光效果。由于光轴与之垂直，我们仍然把它划在正逆光范畴。这时最易获得的是充分表达景物的外形姿态的剪影状图片。在这种状态下，如不是对人物进行剪影状态拍摄时，应该进行补光。

图6-22 逆光宜于把不同物距层面的景物隔离开来。方维源摄

图6-23 高亮度背景，宜于用剪影形式表现景物的外形特征。方维源摄

六、顶光

顶光是指光源从被摄物的上面，向地平面方向照过来的光线，称之为顶光。正午时分，直射大地的日光就是典型的顶光。这时太阳光与被摄物体在同一垂直轴线上，太阳光的照度最大，景物的亮度最高，投影最强烈，景物反差最强，明暗调就显得很硬。在这种光线下观察人像拍摄，会有很亮的额头、鼻尖，颧骨也会有高亮三角出现，而眼窝、鼻下等部位，则有浓浓的阴影，拍成的照片会很不受看。一般来讲，应该回避顶光时的人像拍摄。在一些特定条件下，顶光也可以拍出好照片，但需要具备一定的功力。在影视作品和广告摄影中，因场景气氛和局部需要，也常使用顶光光位。

图6-24 使用顶光渲染气氛 新华网

七、散射光

在自然光条件下，光线并不都是直射式表现的，例如阴天只有散射光照明，就是在阳光直射下景物还同时接受来自各个方向的反射光。只有单一的直射光照明是比较少见的，大都是直射光和散射光混合光照明。散射光为发光面积较大的光源发出的光线，其典型的散射光是天空光。环境反射光也大多是散射光，如水面、墙面、地面等。散射光的特征是发光面积大、光线软，景物受光面和背光面过渡明暗柔和，没有明显的投影。

摄影照明光线有直射光和散射光之分。直射光列为硬光，发光光源面积小、光照强，被摄景物有明显的投影。散射光列为软光，发光光源一般为透射太阳光的云层，或大面积反光。因为光源面积大、光照软弱，被摄景物没有明显的投影，因此这种光线柔和，但对被摄对象的形体、轮廓、起伏表现不够鲜明。柔和的光线会带来图片黑白反差的柔和，宜于妇女儿童的光滑肌肤的表现。

图6-25 用散射光拍摄景物没有明显投影，图片背景也便于衔接。方维源摄

八、现场光

现场光是指摄影场景中客观存在的固有光线。例如，放河灯的小孩照明光源可能是烛光；客厅内看电视的现场光可以是客厅灯光、壁炉火光或电视机屏幕光等，现场光还包括透过窗户射入室内的日光。换句话说，现场光仅仅是场景中已有的光，而不是另外添加的任何包括闪光灯在内的人造光源。

现场光可以是某单一光线，也可以是多种发光光源的混合光，总之现场存在什么样的光线，就利用什么样的光线进行拍摄，不增加任何人工光源。

图6-26 用现场光拍摄的民居一隅，如实还原原有空间视觉感受。方维源摄

现场光的特点：

1.现场光照片能传达一种真实感

现场光最能还原拍摄场景的亮度情况和环境情况，使画面产生读者亲临现场的感觉，富有真实感和可信度。

现场光不仅能传达出真实感，而且还可以传达出一种情调。在拍摄时，如果“白平衡”没有设置在“自动”模式，现场光往往是在偏色温状态下运行，图片的色彩关系全部或局部都会偏离白平衡状态，表现出新的色彩画面，从而给画面带来新的氛围和情调。例如拍摄烧火龙场景，利用橙红色火花光线，可以带来更加热情和激烈的气氛。当然，利用其他现场光可以得到不同的氛围和情调，它可以是浪漫的、明快的、深沉的、欢快的或忧郁的。

2.使用现场光拍摄非常方便

不用携带笨重的灯光设备，减少了运输、架设、调整等诸多麻烦。进入场景，可以迅速拍摄。拍摄点调整变动，涉及面小，摄影师可以自由移动，从不同角度和不同位置拍摄。对于一些特殊要求的拍摄，如新闻暗访之类，则非此不可。

3.被摄对象情绪容易自然放松

没有人造灯光在场景中存在，会减少对被摄者的压力和紧张，表情更显自然，便于抓拍那种表情生动神态自如的肖像。

4. 现场光摄影技巧

在现场光场景中，有的EV值比较高，拍摄起来可能顺利些，但有的场景EV值不高，光照较弱，景物亮度不高，往往会产生曝光不足的顾虑。而实际上，正是照明不足才使得现场光照片显得具有真实感。为保持现场光这种用光特点，拍摄时宜选用手动模式（M），直观地看到成像结果，如有不妥，调整光圈或快门，直到满意才按下快门。如果使用较慢的快门速度，应打开防抖设置，或使用三脚架固定照相机防止相机抖动。

第三节 ///// 光的色彩

一、光的色彩

光波也是一种能的振动波，是电磁波中频率比较高那一部分，其中人眼能见的部分常称为可见光，可见光是波长400～760纳米（毫微米）连续“光谱”。当各种波长的光线以一定比例存在时，其结果便是白光，如果把白光通过三棱镜，其折射出来的分解光就是红橙黄绿蓝青紫七种色光带。这也是在摄影照明工作中有最大关系的光线。任何光线都是有颜色成分的，包括日光在内的“白光”，都

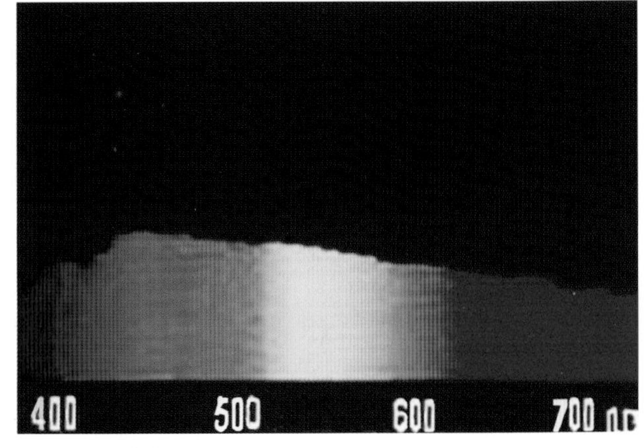

图6-27 日光光谱图

是由两种以上的“色光”按一定比例混合而成的。

二、光的色温

地球的自转，使太阳直射地球各地的距离变化、云层及气候的变化都会带来太阳光的光谱成分的变化，就是光谱中几种色光混光比的变化，虽然仍是白光，但有时含红光会多些，有时含蓝光会多些，等等。人眼不能分辨白光的这种变化，但在传统摄影的胶片和数码相机形成的照片上，可以清楚地反映出来。为了准确地反映光的色彩差异，于是产生了量化光线颜色的标准：色温。

色温就是专门用来量度光线颜色的成分。它表达的不是光的温度，而是光的颜色。

英国物理学家开尔文认为，假定某一纯黑物体，能够将落在其上的所有热量吸收，而没有损失，同时又能够将热量生成的能量全部以“光”的形式释放出来的话，它便会因受到热力的高低而变成不同的颜色。例如，当黑体受到的热力相当于3200摄氏度时，它发出的光线是橙色，我们就把橙色光色温定义为3200，单位为K。达到5500摄氏度时，它发出的光线是白色，我们就把白色光色温定义为5500K。光源的颜色成分是与该黑体所受的热力温度相对应的。只不过色温是用开尔文（K）色温单位来表示，而不是用摄氏温度单位。

打铁过程中，黑色的铁在炉温中逐渐变成红色，这便是黑体理论的最好例子。当黑体受到的热力使它能够放出光谱中的全部可见光波时，它就变成白色，通常我们所用灯泡内的钨丝就相当于这个黑体。色温计算法就是根据以上原理，用K来表示受热钨丝所放射出光线的色温。根据这一原理，任何光线的色温是相当于上述黑体散发出同样颜色时所受到的“温度”。

颜色实际上是一种物理上的心理作用，所有颜色印象的产生，是由于时断时续的光谱在眼睛上的反映，所以色温只是用来表示颜色的视觉印象。

人们生活中的光源无非日光和灯光两大系。下面分别了解一下这两大系统的常用光的色温值：

（1）日光和天空光是自然光。由于宇宙运动的规律发生着地球自转运动，这样使自然光每时每刻都在发生着变化，它要受到时间、季节、气候、地理等条件的影响。这些变化都会影响自然光的色温，见图6–28。

（2）灯光是人造光源。比较日光源能量小、亮度低，但色温恒定，终身不变。其实，人的生活几乎有一半的时间伴有不同的人造光，对此的了解是必要的。人造光源都是由电能转换的，终端是以灯泡（管）来实现

光源状况	色温值（K）
日出、日落时刻	2000～3000
日出后日落前1小时	3000～4500
日光	5500K
阴天	6800～7500
薄云遮日	7000～9000

图6–28 各种不同变化状态下自然光色温

光源状况	色温值（K）
钨丝灯泡	2800
白炽灯（聚光灯）	3200
闪光灯	5500
日光灯（专用级、暖调）	3200～4500
日光灯（专用级、冷调）	6500～9000

图6–29 常用灯光色温

的。灯泡（管）分为炽热型和气体放电型两类，前者色温较低后者色温较高，见图6–29。

为什么摄影要如此深入仔细地研究色温？这是因为摄影中对色彩还原有一项最基本的要求条件，那就是数码相机的“色温”内设置值必须与曝光时外色温值相当，实现色彩还原的平衡关系，最容易测试和观察色彩还原的是白色，白色还原了，就达到了色彩平衡关系，因而色温值的调整也叫“白平衡”。

数码相机可以方便地进行色温值的内设置。不过，由于最终形成图片还要经过计算机多次处理校正，拍摄时设置不必按值丝丝入扣，而只需按数码相机内提示环境，确认其大致外环境即可。

数码相机设置色温，一般都设有好几挡，几乎涵盖所有的外色温值。如佳能系提供了7种预设白平衡模式，对数码相机色温进行内调整，包括：AWB（自动）、晴天、阴天、白炽灯、荧光灯1、荧光灯2、用户自定义，这7种模式，基本涵盖了日常拍摄的色温需要。

图6–30 佳能系预设白平衡模式界面

其实，晴天模式就是内色温值设置在5500K左右，阴天模式就是内色温值设置在6500K左右，白炽灯模式就是内色温值设置在3200K左右，荧光灯1模式就是内色温值设置在4300K左右，荧光灯模式就是内色温值设置在7000K左右。这里应该说明，荧光灯是一种高效节能

式灯光源，它的管壁涂有场致发光材料（即荧光粉），决定着色温。由于世界科学家努力，荧光灯从3000K～9000K的色温均有产品上市，由于色温值涵盖很宽，所以很多数码相机的白平衡都有荧光灯1、2之分，一般来讲是针对市场冷、暖调灯管而言。

下面是佳能860IS在同一条件下，使用几种不同白平衡设置下所得图片，因拍摄条件是“日光”，所以“自动”、“日光”、“自定义”比较统一，其他色彩差异很大。

对于一些复杂的光源环境，比如混合光源情况下，白平衡设置会遇到疑惑和困难。可以启用“自定义”模式，方法是：将相机对准白纸、白布或灰卡纸，白色面积应基本满屏，然后按设置（SET）键即可。

当然最方便的使用情况是设置在为AWB，让相机自动进行白平衡。

自动白平衡　　日光白平衡

阴天白平衡　　白炽灯白平衡

日光灯白平衡　　自定义白平衡

图6-31 同一条件，不同色温设置下的照片彩色变化。

对于常规而言，摄影图片色彩以控制还原为准，这是人们心目中的“颜色正不正”的标准。如同美术作品的色彩变异一样，摄影作品也可以进行变异，拍摄时不按白平衡关系执行色彩还原，刻意地去实现色彩的变异，达到新的色彩关系去烘托主题的创新高度，这种设置“白平衡”时有意使之“不平衡”，我们称为“偏色温”运行。

图6-32 用色温偏差，造成傍晚天空更蓝。方维源摄

[复习参考题]

◎ 从拍摄角度讲，“光”有哪些特点？
◎ 什么是EV值？
◎ 什么是亚当斯区域曝光的理论？其要点是什么？
◎ 什么是曝光补偿？根据什么进行补偿？
◎ 什么是直方图？直方图有什么作用？
◎ 如何用直方图去评判照片的曝光正确性？
◎ 如何用直方图去分析照片的影调特点？
◎ 散射光有何特点？
◎ 现场光有何特点？
◎ 什么是色温？说出两种以上的光线色温值。
◎ 什么是白平衡？如何设置白平衡？

第七章　摄影构图

本章重点》

1.摄影构图的类型。

2.“拍摄点”对构图的作用。

3.几种常用构图法则。

学习目标》

1.了解摄影构图的类型。

2.认识并掌握拍摄时“物距”、“方向”、“角度”对构图的影响作用。

3.认识并掌握常用构图法中所列举的十种构图法则。

建议学时》

16学时。

第七章　摄影构图

“构图”一词源于拉丁语，其本来意思为结构、组成或联结的意思。借鉴到摄影中则是指画面的安排，确定画面内各个组成部分的相互关系，以便最终构成一个统一的画面整体。

在构图形式的大结构中，存在着封闭式构图与开放式构图两大类型。这是两种形式的区分，也是两种构图观念的区分。

第一节 ///// 封闭式构图

封闭式构图是用框架方式去截取生活中的形象，并运用空间角度、光线、镜头等手段重新组合框架内部的新秩序，我们就把这种构图方式称为封闭式构图。封闭式构图追求的是画面内部的统一、完整、和谐、均衡等视觉效果。在视觉效果上，封闭式构图表达言尽意尽，使读者一目了然，常常不会去延伸思考。

封闭式构图比较适合于要求和谐、严谨等美感的抒情性风光、静物的拍摄题材。对于一些表达严肃、庄重、优美、平静、稳健等感情色彩的人物、生活场面，用内向的、严谨的、均衡的封闭式构图也是较好的选择。

图7—1 《法门寺佛指舍利塔》构图平衡对称，宏伟造型一览无余。方维源摄

第二节 ///// 开放式构图

开放式构图在安排画面的形象元素时，强调画面内外的联系，着重于引向画面的外部的冲击力。暗示性强，意犹未尽，让读者产生自由想象的空间。开放式构图表现形式：

1.画面主体不一定放在画面中心，暗示主体与画外空间的联系或呼应。

2.不讲究画面的均衡，有意造成画面的失衡状态。引导读者从失衡恢复去观赏图片，被切掉的那一部分自然也就成为读者的想象空间。

3.不讲究画面的虚实关系，不受虚实对比的约束，有时满图皆虚，让读者用更加时尚的现代观去品味观赏。

图7—2 画面主体不放在画中，是开放式构图特征之一。选自zsj9628的博客

开放式构图适合于表现动作、情节、生活场景为主题材内容，尤其在新闻摄影、纪实摄影中更能发挥其长处。

图7-3 《莫斯科的生活》获得华赛日常生活类新闻组照金奖。这是2007年12月15日，在俄罗斯莫斯科，一名女子参加俄罗斯选美比赛小姐。克里斯托弗·莫里斯（美）摄

图7-4 第三届华赛《玫瑰·玫瑰》的照片获得了体育类组照银奖。李岳摄

第三节 拍摄点

三维空间在不断地演绎着精彩的世界，没有重复、没有间断。把精彩的三维空间某一时间某一局部分截成图，转换为二维图片就是构图过程。需要摄影人去调度所有的构成造型要素，包括光线、线条、形态与色彩等，对画面进行综合布局，这就需要摄影人对现实三维空间有足够的以常规美学为基准的观察能力和以摄影意识为基准的捕捉能力，才能从自然的、零乱的物像中“提取” 出一个优美动人的二维画面来。没有充分的理论知识是很难获得大众认可的具有构图特点的图片的。

相机镜头相对被摄体的方位称为拍摄点。摄影画面的布局与构成，主要是由选择拍摄点来完成的。拍摄点是直接影响摄影构图优劣的重要因素。因而正确选择拍摄点对摄影构图是十分重要的。拍摄点包括拍摄距离、拍摄方位和拍摄角度三个方面。

一、拍摄时物距对构图的影响

拍摄距离是指拍摄点与被摄对象之间距离远近变化的关系。由于拍摄距离的变化，会产生取景范围大小不同结果，统称为“景别”，景别按由大到小分类为远景、全景、中景、近景、特写。景别的确定是摄影者创作构思的重要组成部分，景别的运用是否恰当，决定于作者的主题思想是否明确，思路是否清晰，以及对景物各部分的表现力的理解是否深刻。

选择把握画面的景别是摄影构图的重要组成部分之一，在实际运用中，仍然可依据“远取其势，近取其神”的理论，根据表达的主题思想不同，选择不同的景别。

1.远景

相机在距离被摄对象较远的地方拍摄，画面包括的景物范围很广，可以展现广阔的视野，有比较广大的视觉空间感。远景构图擅长于表现景物的气势，可以展现出大自然的雄奇瑰丽、气势恢弘，画面场景显得辽阔、深远，有比较强的空间深度和气势。远景主要以大自然为表现对象，强调景物的整体结构而忽略其细节表现。远景在风景照片中经常采用。

图7-5《翻越折多山》远景的要点是“远”，远拍可以表现其宏大或壮观。方维源摄

2.全景

相机在距离被摄对象不远的地方拍摄，被摄物范围小于远景，能够表现某一个被摄对象的全貌和它所处的环境，如人的全身、建筑物的全貌等。使用全景画面，

可以交代事情发生的环境及主体与周围环境的关系，主体形象变大。全景范围的大小取决于主体对象的大小。全景照片要求画面有较明确的内容中心，构图时要考虑环境与主体的关联性，注意主体整体的固有特征和轮廓线条、主体与周围环境的呼应关系。

全景擅长于表现主要被摄对象的全貌及其所处的环境特点。

一般对拍摄人物全身、建筑、会场全景等需要表现基本全貌的场景比较适用。

图7-6 《天下第一缸》表现被摄对象的全貌是全景的主要功能 方维源摄

图7-7 中景拍摄易于表现人与环境的关系，易于完整述事。《流动病床》在滇东南地区仍然沿街常见。方维源摄

3.中景

相机在距离被摄对象较近的位置上拍摄，包含的景物范围较小。目的在表现被摄主体的主要部分，对环境的刻画就相对减少了，着重描写需要表现的局部，如某一件事的富有表现力的情节和动作性强的局部等。中景画面主体形象较大，环境范围较小，仅表现物体局部范围的画面。就人像摄影来说，通常是指膝盖以上的部分。

中景构图擅长于表现人与人、人与物、物与物之间的关系，以情节取胜，在表现人物的动作情节上及完整叙事方面具有优势，在新闻摄影、广告摄影中被广泛采用。

4.近景

相机在距离被摄对象更近的位置上拍摄，近景画面可以突出表现被摄对象的主要部分，能够集中对被摄物的局部进行细致的描写，从而突出人物的神情或者物体细腻的质感。在画面中，背景占据画面比例很少，主体占据绝大部分的面积。近景人物，通常是表现胸部以上的部分，面部表情是画面的主要内容，因此拍摄时要善于抓住人物瞬间的表情，就显得格外重要。在使用近景拍摄景物时，就要抓住景物的特征加以表现，要运用好光线，表现物体的纹理、质地。近景构图擅长于对人物的神态或景物的主要面貌作细腻的刻画。近景在表现人物特征上有充分的表达功能，能表现人物内涵和情感。在人像摄影、新闻摄影、广告摄影中被广泛采用。

5.特写

特写是指被摄人物或景物的某一个局部进行更为集中突出的再现。它比近景的刻画更细腻。特写使某一局部充满画面，通过细腻的刻画揭示被摄对象的特征。实际上，在比较近的距离上所看到的景物范围就属于特写。特写的最大特点就是能够非常清晰地反映事物，同时在灯光、布局、影调、色彩上会要求比较严格。在拍摄特写时，要特别注意的是如超过镜头起焦的允许范围，应该启用微距功能。特写经常在人物拍摄中使用，一般应使用中长焦镜头减小透视，以人物肩部以上的部分或更局部的部分，如眼、耳、手、脚等。拍摄人物面部特写，要有独具慧眼的观察力，要善于抓取被摄对象

图7–8 《苗家女》使用近景拍摄，能够集中对美丽的苗家少女的帽饰、脸庞、项圈进行细致的描写，突出秀美和民族服饰。方维源摄

图7–9 “人像特写”景别，一般指头部范围，有时也将手及特别道具包含在内（如眼镜、帽、饰件等），便于表达主人翁的性格、职业等。康大荃摄

最能反映表现意图的细部，必须细致地描绘人物的脸部表情，特别是人物的目光。眼睛是心灵的窗户，通过对人眼睛的特别描绘，可以让观众窥见人物丰富的内心世界，既传质又传神。

二、拍摄方向对构图的影响

拍摄方向是指拍摄点与被摄景物的方向关系。方向关系应该是三维全方向，把这些关系概括起来，常用的可略分为：正面构图、斜侧面构图、侧面构图、后侧面构图和背面构图等不同的构图形式。下面选取三种常用方向介绍：

1.正面方向构图

正面方向构图即相机正对被摄主体的正面，能够清楚地展现出被摄对象正面的形象特征。这种正面的拍摄容易烘托庄严、静穆的气氛，以及物体的对称结构。在这种构图中，人像摄影时人物占据画面的中心部位，面对着观众，似乎可以通过眼神、表情和姿态与观众产生交流和联系，具有吸引力和亲切感。

正面方向构图往往会使画面缺少立体感和空间感，给人以呆板的感觉。

图7–10 正面方向构图常常清晰表达被摄景物的形象特征。方维源摄

2.斜侧面方向构图

斜侧方向构图是摄影中运用最多的“方向”，既能表达出人物正面的主要特征，又能展示侧面的基本特征，实际上是表现了被摄对象的“两个面”，使画面生动活泼，富有立体感。斜侧方向拍摄时，会加强透视感，有助于表现出景物的立体感和空间感，也有利于突出主体。

图7-11 斜侧面构图有助于表现出景物的立体感和空间感。张秀芬摄

3.背面方向构图

背面方向构图拍摄是相机在被摄体的正后方。这种方向拍摄常常用于主体人物的画面，可以将主体人物和背景融为一体。这时画面背景中的景物正是主体视线所注视的，主、客表达为统一体，从而也有助于观众联想主体人物面对背景所产生的感受。采用背面方向拍摄人物时，要注意人物的姿势，使人物背影能产生一种含蓄美，让观众引起更多的联想。背面拍摄不重视人物的表情，但是很注重人物的姿态来表现内心，主要运用形象语言来表达"此时无声胜有声"的境界。

图7-12 从人物背面进行构图，对渲染《神木垒》藏族宗教文化的神秘更具表现力。方维源摄

三、拍摄角度对构图的影响

拍摄点与拍摄物之间的水平线高度的变化，形成了不同的拍摄角度。相机与被摄物按水平标准可以分出高低，而拍摄时的相互高低关系可以产生不同的画面效果。高低是指相机高于或低于被摄主体的水平高度，拍摄点的这种高度变化，大体可以归纳为三种类型，这就是常说的"平拍"、"仰拍"、"俯拍"。

1.平拍

拍摄点与被摄对象处于同一水平线上。平拍的相机位置与被摄主体处于类同的高度，特征是镜头朝水平方向拍摄。它接近人们的视觉习惯，透视感较为正常，因而有助于观众对画面产生身临其境的视觉感受，画面显得平和自然，再现场景真实。平拍还有助于主体在画面上更多地挡去背景中的杂乱景物，从而使主体更突出。平拍人物或建筑时由于可能产生对透视的压缩，因而不易产生透视变形，使景物或人物在画面上显得亲切、自然。

但平摄角度往往因为透视压缩，画面会缺乏空间透视效果，不利于体现层次感。

图7-13 平拍时操作方便，视角与习惯相符，很多都使用这一拍摄角度。刘章麟摄

2.俯拍

俯拍的相机位置高于主体的水平高度，特征是镜头朝下拍摄。俯拍的最大特点是能使前、后景物在画面上得到充分展现。俯拍有助于强调数量众多的被摄对象，表现场面的盛大，有助于交代景物、人物之间的地理位置，有助于画面产生丰富的景层和深远的空间感，也有助于展现大地千姿百态的线条美。例如绵延盘旋的公路、层叠起伏的梯田、场面宏大、人群众

图7-14 对场面宽阔的场景宜用俯拍 张科摄

多的场面等。俯拍时往往使用梯、架等辅助物或寻找有利的高处地形。

3.仰拍

仰拍的相机位置低于被摄主体的水平高度，特征是镜头朝着向上的方向仰式拍摄。它适用于表现被摄物的规模和气势，有助于强调和夸张被摄对象的高度；有助于表现人物高昂向上的精神面貌，以及表现拍摄者对人物的仰慕之情。在室外采用仰拍还能最大限度地把被摄体衬托在天空之中，易于净化背景，从而使画面具有一种豪放之情。剪影效果有时这样拍得的。

综上所述，在决定拍摄点时，应该同时考虑景别、方向、角度三者的画面效果，加以审视判断。优秀摄影作品的完美构图形式取决于拍摄点的选择，使拍摄点的

图7-15 对高大的建筑物，只能选用仰拍。 张科摄

距离、方位、角度三要素发挥到完美程度。

摄影构图是一个多因素的复杂问题，它涉及所有构成图片画面的线、形、光、色关系及衍生的有关相机、光学、美学问题，这里不再深化。

关于如何在镜头内布局主体、陪衬、景物，及在画面上的位置，与其相互间的位置关系，同样需要摄影人精心地去考虑、去安排，众多的摄影前辈们为我们提供了许多丰富的经验，为我们总结出很多构图法则，下面介绍几种常用构图法。

第四节 ///// 常用构图法

摄影家们在长期的实践中总结了很多方便快捷的、优秀的构图方法，在摄影活动中广为应用，同时也为学习构图提供了路径。方法很多，流派各异。这里我们选取几种常用构图方式，是生活中用得比较普遍的。但在实践中，无论采用什么方式去完成构图，我们必须首先考虑以下几个构图基本原则：一是突出主题至关重要。一张照片主题是命根子，失去主题就会不知所云，所有好作品都会有鲜明的主题。二是张扬画面构成。用经典的构图的规律和方式，去表达人们已经习惯的审美情趣，最容易获得共鸣。三是画面的简洁。首先简洁的画面会更加突出主题，同时摄影的技术手段（诸如虚实、影调……等）也可得到充分展现。

一、几何中心构图

这是最简单最基本也最方便的一种构图方式，方法是把画面的结构中心安排在任何长宽比例画面的对角线交叉点上。比如日常生活中的各种证件照片，器物、建筑及人像照，应用颇广。

其优点是画面简洁，画面平稳，主题突出。

二、对称式构图

摄影构图的布局结构主要有对称式和非对称式两

图7-16 示范性几何中心构图，包含了景物、影调、色彩的"几何中心"综合含义。

图7-17 对称式构图有极好的画面平衡性 刘章麟摄

大系列。所谓对称式构图，是指所摄景物内容的几何形态，以画面中心为轴线，在画面左右两侧呈现相似或对等，它可以是左右对称，也可以为上下对称。对称画面具有布局平衡，结构规矩，蕴涵图案美、趣味性等特色。

对称式构图以画面的平衡状态为基本，在生活空间中无处不在。在现实生活和周围环境中，举目一望，脸面手足、楼阁亭榭无不存在着对称平衡的元素。拍摄时从其左右或上下对等的角度居中取景，即可形成对称的画面布局。

对称式构图本身显得呆板、缺少变化。在应用这一手段时必须注意生动与活力，在对等之中有所变化，或者蕴涵趣味性、装饰性，否则就会流于平淡乏味。

三、黄金分割法构图

人们在长期的生活中，也渐渐地养成了追求均衡的审美心理。在构图上，首先要做到的是画面的整体上的视觉均衡。黄金分割既不是绝对对称，又能达到新的均衡的构图关系。

黄金分割的内涵是什么呢？

首先黄金分割的概念是由古希腊数学家欧道克萨首先提出的，最基本的公式，就是把1分割为0.618和0.382，接近3：2的比例。由于它自身的比例能对人的视觉产生适度的刺激，正好符合人的视觉习惯，因此，使人感到悦目。这个比例经过长期验证，1：1.618或1：0.618相近的比例关系，确认为是视觉审美中长和宽的最佳比例。这种公认视觉协调美感为世界很多设计家应用，从书籍到建筑物，以及运动场、电脑、手机，各行各业比比可见，应用极广。在摄影技术的发展过程中，曾不同程度地借鉴并融合了其他艺术门类的精华，黄金分割也因此成为摄影构图中最神圣的观念。在摄影上传统胶片135相机的底片画幅尺寸36mm×24mm（3：2）的确定，就是黄金比例的应用。

在我国传统国画技艺中，"九宫格"法与古希腊黄金分割的美学观念十分接近，是指我们可以把画面的水平和垂直方向均分成三个部分，画面就被分解为九个相同面积的部分，故称九宫格，将画面要表现的主体放在等分线的交汇处，以构成布局上的美感。

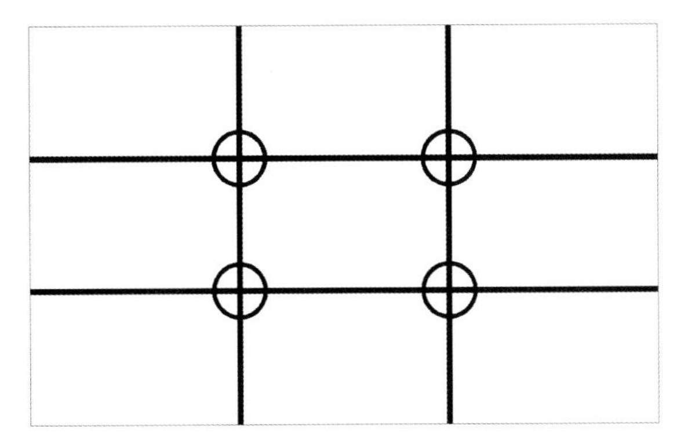

图7–18 黄金分割布局结构示意图

图7–19 《鸟》布局在黄金分割的D点，最能吸引眼球。林风摄

图7–20 大山之子获第29届国际摄影艺术联合会（FIAP）黑白摄影21岁以下青年两年展金牌奖，具有典型黄金分割位的构图。龚雷摄

所以，黄金分割具有两个方面的意义：一是图形外尺寸应符合或接近黄金分割式的比例以适应人们已经形成的审美习惯，黄金分割率1：0.618在这里不是绝对值概念，有多种比例与之接近：2：3、3：5、5：8、8：13、13：21等都可纳入其间。二是在安排画面的结构中心（或趣味点）时，应安排在画面三分线附近或其相交处的附近，以呈现和谐的视觉效果。这种布局会使画面在非对称条件下得到均衡，不仅画面有稳定感，而且疏密有序，也留有动感的发展空间。

摄影构图的许多基本规律是在黄金分割基础上演变而来的。如三分法、九宫格法等都是以同一美学理论为基础的。

近年出厂的数码相机，很多型号都在显示屏上增加了黄金分割比例的辅助取景线，即在画面上叠加“井”字线，帮助快速确定趣味中心位置。辅助取景线可以开或关，步骤是打开菜单，开启“栅格”，确认其“开”或“关”即可。

图7–21 柯达数码相机辅助取景线界面

四、对比法

1.虚实对比

虚实对比是摄影中最常用的手法，是摄影艺术区别于其他艺术门类的独特表达方式，当然就成为摄影艺术最重要的表现手法。虚实对比是画面虚虚实实，虚实结合，使画面如彩云托月，交相辉映。一般来讲，所虚化的部分是画面中的陪衬部分，对于画面的主题往往必须实实在在清晰可辨。经过虚化处理，画面所表达主题会更显突出，效果强烈。

摄影虚实对比可以通过以下几种常用手段获得：

（1）通过镜头光学性能得到虚实对比。或大光圈或长焦镜或近物距时获得虚实对比，这是在摄影中用得最普遍的手段，按摄影的基本定律通常有三种方式，即第一，使用大光圈，例如f/1.4。第二，使用长焦镜头，例如200mm。第三，使被摄物体尽可能靠近照相机，例如，使用微距功能拍摄。这些器材和方法都可以方便地获得图片虚实对比的效果。

图7-22 光学效果（大光圈、长焦距）获得的虚实对比 康大荃摄

（2）通过快门速度的控制，在拍摄时快门掌握以静者为静、动者为动的原则，来实现画面的虚实对比。数码相机的快门可以通过Tv模式进行设置，而且一次拍摄只能进行一种时间的设置，例如1/30秒，这时在拍摄对象中如果有相对高速运动的物体，如行驶的汽车、飞奔的篮球队员等，在拍摄的图片中就会呈现虚化不实的结果，而在画面中相对静止的景物，如街边房屋、篮球架等就会呈现实实在在的图像，一幅有虚实对比的图片就可获得。选择不同的快门作为基准，可以获得不同运动速度及不同虚化程度的效果图片。

图7-23 用TV模式控制快门速度获得的虚实对比 方维源摄

（3）通过减小物距来获得画面的虚实对比。被拍摄物体到数码相机的距离称为“物距”，在其他条件相同的情况下，特别是在光圈值相同情况下，照片的“景深”值是不一样的，其“物距”越大，“景深”值越大；其“物距”越小，“景深”值亦越小。例如，当使用f/5.6光圈的时候，如果“物距”为4米，“景深”在2.5米至8米，实际范围值是5.5米；而如果“物距”为1.5米时，“景深”则在1.2米至2米，实际范围值仅是0.5米。为了获得较大的虚实对比度，应尽可能减小“物距”来拍摄。所有数码相机都有不错的“微距”功能，利用这个功能，可以方便地获得虚实对比强烈的照片。

图7-24 微距模式（短物距）获得的虚实对比 方维源摄

（4）通过拍摄技巧控制来获得画面的虚实对比。依靠拍摄时的技巧也可以获得虚实对比的效果，不过难度稍大，带有机遇性。方法是在拍摄进行时，按下快门与横向转动相机同时进行，让运动的被摄物在取景显示屏上保持相对稳定，即可得到以被摄物为清晰主体，画面其他景物均被虚化的虚实对比的画面效果，因为拍摄过程是追着主体进行的，摄影业内把这种技法称之为“追拍”。

图7-25 “追拍”获得的虚实对比。方维源摄

(5) 通过后期PS处理，来实现画面的虚实对比。由于数码相机也是按二进制数据进行存储，与计算机共享技术资源，从而获得巨大的可塑性，加之图像处理软件photoshop的强大功能，这就给进一步处理已经存储的图片提供了条件，现在图片ps技术已经可以完成很多前期任务效果，也可以完成很多前期不能完成的任务效果。本书第九章我们将进一步讲解。

图7—26 ps（动感模糊） 获得的虚实对比 选自PS教程

图7—27 冷暖对比，可以使这种强烈的色彩关系更为突出主题。刘章麟摄

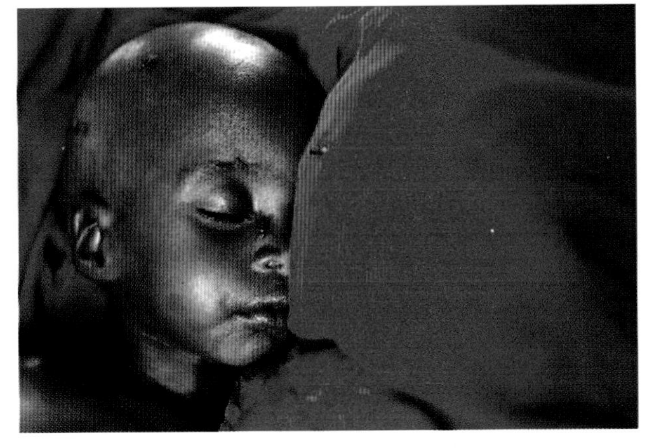

图7—28 同相色对比，《乍得难民营》获"华赛"非战争类题材金奖。尤里尔·赛奈摄

2.色彩对比

人类置身于五彩缤纷的彩色世界中，了解色彩、熟悉色彩、应用色彩是必然的。长期对色彩的认识，人们赋予色彩的情感性，使能渲染气氛，影响对影像的表达。色彩在摄影中起着重要作用，从张扬主题、烘托气氛、画龙点睛，无不表现出色彩对摄影，对摄影构图的非凡作用。

色彩是摄影最重要的情绪元素。色彩除了真切还原物体的本来面目使人获得正常的视觉感受以外，也是最为重要的情绪元素。不同色彩组成，会唤起人们不同的情绪。色彩对比中包含了诸如冷暖色调、色饱和与浅淡、色明暗度的对比，色彩的暖调是指由红、橙、黄色组成的调子。暖色在人们视觉感受上常有运动、膨胀、向上的感觉。

冷色调是指画面中青、蓝、紫色调。冷色调具有平静和收缩的感觉，象征简单和忧郁的情绪。具有冷暖调的色彩关系的景物放在同一画面中，可以使这种强烈的色彩关系更为突出主题。色彩的对比关系不仅是冷暖对比，其他醒目的色彩往往和较弱的色彩也会形成对比。

3.质感对比

世间万物无不是质地不同而互为区别。在摄影技术中，质感是指被摄体表现结构的性质在照片上再现的真实感。被摄体具有各种各样的质感表现。同样是熟悉的人的脸庞，年轻细嫩，年长粗皱。质感因人而异，人人有别。对于摄影特写画面中，良好的质感表现是一幅静物或人像照片不可缺少的素质。

实现质感的对比，当然是结合几种不同质感的景物于同一画面，使之产生强烈质感反差，对比之下，粗者更粗细者更细，柔者更柔硬者更硬，光者更光暗者更暗，使质感在画面中更加突出。

当然根据构图简洁的大原则，两种质感的对比更为突出，更加具有质感对比的表现力。

对不同质感的物体，需要不同的用光，方可恰当表现其质感的本质，因而恰当的用光是表现质感的关键。例如粗糙面物体的表面有高低不平的凹凸起伏，用侧光有利于其质感的表现。

在照片上表现出被摄体的质感，有助于观众从照片上真实地感受到被摄体的质地或构造，令人有栩栩如生之感，表面质感在静物和人像摄影中尤为重要，良好的质感是一幅静物或人像照片不可缺少的素质。

对于质感的描述，有时并不需要去对比，拍摄中高度集中、清晰地表现物体的质感，本身就孕育着人们思

图7-29 乱石嶙嶙的背景对比，会更显女性的娇美。方维源摄

维的对比，人们太熟悉环境中景物的原质感，自然会去产生思维中的对比。例如满是褶皱的老人脸、细嫩的儿童笑脸等，都无需对比环境，读者仍可读懂。

五、框架构图法

框架构图法是利用景物中某些景物构成框架特定形式，创造出框、窗、栅、格等类似规范模式，以引导观赏和读片，使主题更加突出，一目了然。

在我们生活中，可以找到或可以组合成框架的素材比比皆是，比如门窗、洞、隧道、树木枝干及用书报卷成的圈等，稍加观察，信手可得。

这种框式构图形式不仅十分自然地使主体成为了视觉中心，起到了强调、突出主体的作用，使人们加深对画面的印象，而且还能交代环境，加强气氛渲染。

其次，这种构图形式无论把拍摄的主体安排在边框中间还是画面其他位置，边框部分常处在暗部，主体往往处于亮部位置，这都能形成强烈的明暗反差对比，达到了增强画面纵深的透视感。这种构图形式对画面也会有很好的装饰作用。

充分利用框式结构的优点，可以拍摄各种各样题材，但无论用什么景物作边框，一定要同照片所反映的

图7-30 世界唯一的八星级酒店——伯瓷酒店 腾讯网

内容和主题相联系，使内容与形式达到高度统一，互为补充，相得益彰，以求达到最好的效果。

六、节奏性构图法

在社会发展历史上，艺术门类之间的理念、手法常常相互影响、互相借鉴，已成理所当然。这里提到的“节奏”就是摄影借鉴音乐手法的实例。

音乐是讲究节奏的。或是舒缓，或是强烈，或反复，或任意延长，以表达不同的主题。摄影作品中的线条、形状、光线、色彩，在画面中有规律或无规律的阶段性变化，同样也可以达到节奏的效果。

一幅节奏性比较强的优秀摄影作品，在构图上会有比较强烈的视觉效果，被摄物体排列成有规律的起伏，画面构成具有明显的重复性、肖似性、连贯性，会让读者的视线随着节奏流转萦回，借以震动读者的情绪，反复加深读者印象，这样会使摄影艺术的瞬间性变为延续性，让作品富有魅力，增强作品生命力。

图7-31 《城市谋生的佤族少年》获“华赛”日常生活类新闻单幅银奖，图片节奏感很强烈（这是2007年11月14日，在中国重庆，三位佤族小伙子在居住的楼房房顶上练习喷火）。王桂江摄

七、均衡构图法

均衡，也是一种平衡。在对称式和非对称式两大系列中，均衡式构图明白无误地站在非对称一族。正因为失去对称，画面将需要寻求一种新方式来实现平衡，这种达到新的平衡的法则就叫“均衡”。均衡区别于对称式平衡，因为这种形式构图的画面不是指所摄景物内容的几何形态，而是以画面中心为轴线，画面左右两侧呈现相似或对等，这种相似或对等在物体质、量、面积上有明显的差别，而仅依靠围绕画面某一虚拟轴线展开的“等质但不等量”的量物新关系，给人以视觉上的均势，心理上给人平衡的和轻松的感觉。这种视觉上的稳定，实现画面的新平衡，是一种异形、异量的呼应均衡，是利用近大远小、近重远轻、深重浅轻等透视规律和视觉习惯实现的艺术均衡。

均衡之后一般会造就一边多，一边少；一边疏，一边密；一边大，一边小；一边硬，一边软等。这就达到新动感、新平衡。这种构图好比秤杆的平衡关系，它给人以满足的感觉，画面结构完美无缺，往往使人有失而复得的欣慰感。

图7-32 《瞧这一家子》曾获全国第11届国际摄影艺术展览中社会生活、民俗风情类银奖。画面左边，四蹄腾空飞奔的小狗，既平衡了画面，又妙趣横生，令人愉悦之情油然而生。程昌福摄

八、满天星式构图

拍摄时将主体或相关陪衬物，间隔式满布画面，用以强调主题或渲染与之相应的气氛。满天星式构图也属平衡类构图式，其要素是“满”和“星”，“满”是指拍摄时注意将主体或主要陪衬物布满画面，“星”是指在形态上应疏密有间，或星罗棋布，或星星点点。

满天星式构图所表现的物体或形态多次、重复在同一画面出现，无疑会加强读者印象，展现强烈的视觉冲击力。满天星式构图画面会显得饱满充实，有浓郁的装饰性。

图7-33 路透社记者皮埃尔·霍尔茨拍摄的塞内加尔蝗灾照片获得自然与环境类48届荷赛单幅二等奖。

九、前景式构图

前景和背景在摄影构图中是一种不可忽视的因素，它们作为一张照片的有机组成部分，能起到突出主体、增加照片空间感和深度感的作用。因此，在摄影构图中，正确地

利用前景和背景，可以使照片中的景物更加和谐统一，从而更富于艺术感染力。

其实，前面讲过的框式构图就是前景式构图的一种，只是这种前景在画面上要构成几方合围，以形成特定的“框”格调，而且框式常用黑暗影调，常常兼有影调对比的效果。而前景式构图要求不同，前景，可以是清晰可见的景物，也可以是虚幻的色块，但前景景物一定要与主题互为呼应，强化主题，并加强画面的观赏性。

图7-34 利用古城墙为前景，会加强“古城”主题。方维源摄

十、复合式构图

在摄影美学的框架下，已经有很多的构图方式为公众审美认可，成为特定模式。有的照片是强调一种构图方式，有的照片融入多种构图方式，则称之为“复合式构图”。复合式构图会给人以多角度的审美印象，交错地、重复地、更加强烈地渲染和突出主题，无疑是摄影人所追求的表达目的。

图7-35 具有典型黄金分割位、色彩对比、满天星式的复合构图。中国摄影家协会网

[复习参考题]

◎ 什么是封闭式构图?
◎ 什么是开放式构图?
◎ 选择拍摄点应从哪些方面入手?
◎ 物距对构图有什么影响?
◎ 拍摄方向对构图有什么影响?
◎ 拍摄角度对构图有什么影响?
◎ 常用构图法构图基本原则是什么?
◎ 几何中心构图法的特点是什么?
◎ 对称式构图法的特点是什么?
◎ 黄金分割法构图法的特点是什么?
◎ 对比法构图时应从哪些方面入手？分别有什么特点?
◎ 框架构图法的特点是什么?
◎ 节奏性构图法的特点是什么?
◎ 均衡态构图法的特点是什么?
◎ 满天星式构图法的特点是什么?
◎ 前景式构图法的特点是什么?
◎ 复合式构图法的特点是什么?

第八章 摄影门类

— 本章重点 »

1.介绍新闻摄影的定义及限定性规定以及评价标准。

2.介绍广告摄影的分类及特点、简析广告的创意设计法则、介绍广告文字的作用。

3.介绍风光摄影的定义、价值，风光摄影拍摄要素及风光摄影等级分类。

— 学习目标 »

1.认识新闻摄影的定义及限定性规定以及评价标准。

2.认识广告摄影的分类及特点、认识广告的创意设计法则、认识广告文字的作用。

3.认识风光摄影的定义、价值，风光摄影拍摄要素及风光摄影等级分类。

— 建议学时 »

8学时。

第八章　摄影门类

人类社会不断进步，科学技术不断发展，使摄影不断扩大到人类活动的各个领域，并且在这些领域的服务和应用中也自成门类，成为摄影行业中众多的门类，例如：太空摄影、卫星摄影、测绘摄影、刑事摄影、医学摄影、显微摄影、新闻摄影、风光摄影、静物摄影、人像摄影、婚纱摄影、舞台摄影、建筑摄影、广告摄影等，种类繁多不胜枚举。每项门类都有其自身的特点，各自使用设备可能不同，依附的条件可能不同，但其摄影基础理论是相同的。为了说明这些子目摄影的门类特点，下面选取与我们生活紧密联系的新闻摄影、广告摄影、风光摄影门类予以简介。

第一节 //// 新闻摄影

一、新闻摄影的定义对新闻摄影划定出如下几个方面的限度性规定

1.新闻摄影的定义

新闻摄影是用摄影和文字相结合的手段，对正在发生的具有新闻价值的事实（或与该事实相关联的前因后果）进行的现场瞬间记录。摄影最具特质的内涵是记录性和瞬间性，摄影最彻底的记录性表达就是新闻摄影的首要任务，虽然在拍摄过程中可以运用各种“摄影语言”形式强化表达，但其结果应该是使记录的主题内容更加明确、突出。有人把新闻摄影通俗地解释为“用照片去报道新闻”。这是一种以摄影技术为手段，通过照片画面的可视形象传递新闻信息的表现形式。摄影和文字相结合的手段，是“新闻”报道的内容与“摄影”的可视形象相辅相成、相互烘托的一种新闻样式。

2.新闻摄影的定义对新闻摄影划定出了如下几个方面的限制性规定

（1）新闻摄影的对象——新闻事实

新闻摄影要求新闻必须坚持真实性的原则。关于真实性的含义有两层：第一是摄影记者采访手法的真实。即在采访事件性的新闻中，要求必须抓拍，而不能是“摆拍”，更不能通过后期PS处理修改，这也是目前全球新闻摄影界达成的共识。第二是对新闻事件整体评价的真实。事实证明，在许多大事件、大题材的采访中，某个细节的真实未必证明整体的真实。真实性是新闻摄影的生命，新闻摄影所反映的对象，无论是事件还是人物都必须是客观真实的，摄影师不能够根据自己的喜好进行片面报道，更不能对事实进行刻意的歪曲。我们生活中阅读的大量的图片，大多是真实的，这些图片承载着摄影师的使命，传播着它的信息，真实是新闻摄影的主流。但是，新闻摄影作假事件偶有发生，一旦发生，影响很大。现罗列几件：

①华南虎照事件。2007年10月3日，陕西农民周正龙用相机拍到一只老虎，10月12日，陕西省林业厅召开新闻发布会，证实周正龙拍到的正是从人类视线中消失了21年的野生华南虎，并公布了两张摄影照片。此照一公布，举国震惊，有网友对照片的真实性提出质疑。于

1.周正龙称：野生华南虎实拍照

2. 公诉人展示虎照翻拍原件

图8-1 华南虎照事件

是全国舆论分为“挺虎派”和“假虎派”，两派争执不休。如雪球滚大，其波及面之广，影响之深，已远非虎照本身的真假。最终，2008年6月29日，陕西省政府召开新闻发布会宣布，“华南虎照片”系周正龙造假，“华南虎照片”是用老虎年画拍摄的假虎照。法院判周正龙犯诈骗罪，所涉假虎照事件13名干部被分别处分。案件审理已尘埃落定，但此后常有媒体报道相关后续，仍然引人关注。

②图8-2为CCTV影响2006年度十大图片的铜奖作品《青藏铁路为野生动物开辟生命通道》。也属后期合成照片。摄影者刘为强随后承认了造假事实。6天后，他的获奖资格被宣布取消，刊登该照的多家媒体发出谴责联合声明，刘为强及其所在单位《大庆晚报》分别发出致歉信。同一天，他宣布辞去公职，自己承担一切责任。刘为强的光荣和梦想，就此栽倒在自己挖的这个被称为“羚羊门”的大坑里。

③第二届华赛中，获得经济与科技新闻类单幅金奖的作品（图8-3）疑为软件合成作品，获奖者曾用软件对照片上的内容进行了结构性剪贴。最后，被评委会撤销该作品的银奖获奖资格。

图8-2 《青藏铁路为野生动物开辟生命通道》 搜狐网

经济与科技类金奖获奖作品《中国农村城市化改革第一爆》

2005年5月22日城中楼爆破现场新闻照片

图8-3 《中国农村城市化改革第一爆》疑为软件合成作品

（2）新闻摄影的拍摄要求

新闻摄影的拍摄要求是拍摄正在发生着的新闻事实，或与该新闻相关联的前因后果。

社会每天在变化，我们参与或接触的事件也不停地演绎，在无数发生的事件中我们如何去选取新闻的素材，不外乎是取其新闻价值较高的，首先是影响较大的事件，其次是民众关注的主要事件相关联的人和事。

当然影响大的比如政治活动、领导变迁、战争战地、地震海啸、科学发明、亚运奥运等，每项内容都可能直接或间接给人们带来影响（图8-4）。

重大事件并不是孤立的，总有前因后果或与之相关联的人和事，新闻摄影关注这些事件的前后左右，会让读者更了解事件本身，或更能清楚地表现事件本身所带来的结果。图8-5因巧妙诠释第二次世界大战结束后人们的狂喜心情而闻名于世。

图8–4 四川5·12大地震后，举世震惊，万众关注，一张对震中映秀湾的航拍图片必将成为新闻之焦点。

图8–5 时代广场胜利日之吻

3.新闻摄影应注重形象价值——突出视觉冲击力

新闻摄影属于视觉新闻，它向大众传播新闻信息主要是通过视觉形象。“新闻价值”和“形象价值”历来被认为是新闻摄影的两大要素。新闻摄影的形象价值主要是指新闻照片的视觉冲击力或称之为视觉吸引力。读者选择新闻摄影报道时，首先也是注意图片的形象。好的新闻照片则必须具有较强的视觉冲击力或吸引力。视觉冲击力决定着新闻摄影作品的感染力和传播力。

从某种意义来说，新闻摄影作品的目的在于传播，较强的视觉冲击力才能使作品获得强劲的传播力，才能成为广为传播的摄影新闻作品。视觉冲击力内涵首先取决于题材的思想性：题材选取、切入角度、表达的主题都是应该通过周密的思考来决定的，只有主题鲜明突出才能与读者共鸣。其次是正确运用摄影语言：对拍摄时的画面构图、摄点的选择、景别的运用、前景与背景的运用、虚实的运用、画幅的选择、用光技巧、镜头焦距的运用等。这些摄影艺术最独特的表达方式，能让读者有“为之一震”的感觉。再次，运用熟练的手段，抓住拍摄的最后关键“典型瞬间”，拍出精彩的图片，造成强烈的视觉冲击力，从而达到广为传播并感染观众的目的。

图8–6 浅沼遇刺：1960年10月12日，日本极右的大日本爱国党16岁党员用短刀刺杀正在演说的社会党委员长浅沼稻次郎。摘于《生活》杂志

4.新闻摄影的体裁——单幅或多幅是新闻摄影的主要体裁

新闻事件的发生是客观的，可能大也可能小，一般性新闻事件可以用单幅照片更加提炼精准的表现说明，也有一些事件发生是多角度、多时间、多发生地，之后很难用单幅画面表述完整，有的是事件复杂头绪贯穿事件始末时间很长，难于用单幅照片说明演变原委，都可以用多幅照片专题式报道，也称之为“专题摄影”，专题摄影照片容量较大，像展现一个故事一样叙述新闻事件，易于深入读者记忆，影响力很强，是国内外新闻工作者常常使用的行之有效的报道方式。这时，报道摄影的本质应当是用照片去构成故事——文字应当追随由照片构成的发展线索加以说明。摄影师王桂江（中国）的组图作品《史上最牛钉子户》获第四届“华赛”非战争新闻类组照铜奖就是一个很好的范例：

1.2007年3月22日，重庆杨家坪商圈。号称“史上最牛”的钉子户坐落在商业街某个楼盘的工地中央。随着全国两会关于《物权法》的颁布实施，这个钉子户成为全国的焦点，户主吴苹与开发商长达一年的对峙，因为有了法律的保障，最终得以圆满解决。

2.2007年3月21日，重庆杨家坪商圈。号称“史上最牛”的钉子户像孤岛一样矗立。

3.户主杨武将一罐液化气搬进危房里，因为害怕开发商强拆，他搬进危房里居住。

4.2007年3月21日，户主吴苹拿着《宪法》站在危房前，她每天来此巡视，并向关注此事的全国媒体开起了“现场新闻发布会”。

5.2007年3月21日，一台挖掘机停放在钉子户旁边。开发商随时可能将它强拆。

6.2007年4月2日，经过协商，付出400万元赔款的开发商秘密地将房屋拆除，钉子户事件告以结束。

图8-7 史上最牛钉子户 王桂江摄（图片说明系原图配文）

5.新闻摄影的手段和表现形式——精美的照片和准确的文字说明相结合

新闻摄影是摄影重要的分支，其地位特殊，手段独特。由于它横跨“新闻”和“摄影”两大门类，当图片作为新闻报道的时候，图片本身不具有同时说明事件发生的时间、地点等必须说明事件本身的条件的这个能力。例如：一张图片表现的是两个国家的外长在飞机前握手，如果没有文字补充说明，读者会很难猜出他们是在哪个国家、谁送谁。所以新闻摄影在必须严格遵循新闻的规律和原则的约束的时候，新闻摄影得到一项与众不同特别待遇：必须图文并茂双翼齐飞。在文字表达上一定要具有新闻信息，文字简练、准确，并与照片内容相关联。

图8-8 《母爱·地震》 2008年8月30日16时30分，四川攀枝花市、会理县交界处发生6.1级地震，造成36人死亡，675人受伤。图为消防官兵在倒塌的土墙下刨出两名罹难者的遗体。鄢森摄

二、新闻摄影的评价标准

不同时代的新闻照片有不同的标准，不同意识形态的新闻摄影有不同的标准，因而不同时代、不同意识形态新闻照片标准的确立，是由新闻摄影所处的具体环境条件决定的。

我国的新闻照片的评价标准有个历史发展过程，在1980年，由新华社摄影部理论研究室组织的三次新华社新闻摄影理论研讨会上，集体总结出的标准，概括为“新、真、活”。

20世纪70年代，人们对评价新闻照片的说法是：具有新闻价值，真实可信，生动活泼，或者说要有新闻性、思想性、真实性和艺术性。新闻性与思想性存在于新闻价值里，真实性存在真实可信里，艺术性存在生动活泼里。把新闻照片的评价标准概括起来就是“新、真、活”。

1981年12月，因对《首都新闻摄影展览》评奖，展览会评委提出“五求”的标准，为全国新闻摄影界所认同，成为此后全国评价新闻照片的标准，增加了情和意。情，就是要有真情实感；意，就是要有深刻的含义，还要有含蓄意境。

“五求”标准要求的，实际上是当代真正新闻照片或优秀新闻照片含有的基本要素：

1.求新，即求内容的新鲜、形式的新颖，实现二新的统一；

2.求真，即求事实的真实、形象的真实，实现二真的统一；

3.求活，即求活的形象、活的气氛，实现二活的统一；

4.求情，即求情感和情趣，实现二情的统一；

5.求意，即求深刻的意义、深邃的意境，实现二意的统一。

“五求”是高标准，代表新闻摄影的水平和方向，一般新闻照片不易达到。但新闻照片最基本的要求是前三求，即新、真、活。

1983年，中国新闻摄影学会在全国新闻摄影作品评选会议上开始设立年度最佳新闻照片奖，确立了比“五求”还高一个层次的“五条”标准：1.即新闻价值大；2.现场气氛浓；3.富有真情实感；4.社会效果好；5.拍摄难度大。最佳新闻照片的五条标准，代表着我国新闻摄影的最高水平。这五条标准，要求高，难度大，它需要摄影者付出超常劳作，使作品达到超常水平，它是不大容易达到的，但是经过努力也是可以达到的。

新闻摄影的标准，由“三字”变“五求”，再由“五求”变“五条”，代表我国新闻摄影的标准不断攀高的过程，也标志我国新闻摄影水平的日益提高。作为新闻摄影师，应努力学习“五求”与“五条”标准，把它作为创作作品的奋斗目标。

第二节 ///// 广告摄影

广告摄影是摄影的一个最贴近人们生活的门类。

一、广告摄影的定义

广告摄影是以商品为主要拍摄对象的一种摄影。通过摄影手段的过滤，优化其商品特点，反映商品的外状、展示商品的结构、表现商品的性能、突出商品的色彩造型、解释商品的用途等特点。同时通过摄影图片展示或传递某种商品信息，宣传推广某种观点，影响人们的消费倾向，引导或改变人们的价值观念，从而引起人们对商品的兴趣，进而鼓动人们的购买欲望。

同其他门类广告一样，广告摄影是传播商品信息、促进商品流通的重要手段。更因为广告摄影是以摄影作品为手段，某些地方会比其他门类广告更具写实性，更让读者有真实感和亲切感，也就比其他门类广告有更胜一筹的优势。

二、摄影广告的分类

摄影广告已渗透到人类社会生活的每一个部分，犹如人类社会生活的复杂性一样，广告的分类就显得十分复杂，以致无从细致归纳。为了便于认识，大体按以下情况进行分类：

1.按性质分

根据广告的目的，可以分为公益广告与商业广告。公益广告是为社会公众切身利益和社会风尚服务的广告。不以盈利为目的，而且它具有社会的效益性、主题的现实性和表现的号召性三大特点。公益广告利用公众喜闻乐见的形式，用摄影直观精炼的手段，呼唤民族精神，弘扬民族文化，呼吁公共道德，保护生态环境，保护妇女儿童，谴责不良行为等。公益广告运用创意独特、内涵深刻、立场鲜明及健康的方法来正确诱导社会公众。为社会和谐进步振臂呐喊，为人类社会文明进步鸣锣开道。

人们已经感受到公益广告对社会的巨大影响，社会也越来越重视公益广告，众多的名人参与其中，使公益广告更加引人注目，例如：濮存昕的《依法禁毒 构建和谐》；杨澜的《生命因你而延续》；马伊琍、陈冲、柯南的《粉红丝带》等。人类社会的重大事件、国家民族的重大事件都能通过公益广告形式进行宣传和动员，例如2008奥运、汶川地震赈灾等都是最好实证。

因为人类的利益是共同的，公益广告不仅在国内取得重大发展，也在不停地国际化。我国知名人士成龙、姚明、李安、章子怡等，都是美国野生救援协会的形象代言人。名人名士用参与公益事业回报社会，被认为是最理想最崇高回馈方式，也反衬了公益事业（含参与公益广告）的无限价值与崇高地位。

每年度都会有包括摄影在内的世界级、全国级、分省级、行业级的公益广告比赛，构筑强大的平台，鼓励大众对公益事业的热爱，同时也促进公益广告的发展。

商业广告相对于公益广告，凡以推销商品，实现盈利目的的广告都是商业广告。商业广告铺天盖地充满人们的生活空间，同时它也像一支桨，推动着人类社会不断向前。

图8-9 公益广告《珍惜资源 爱护地球》 腾讯公益网

图8-10 商业广告《泸州老窖》"国窖1573。六十度，与您一脉共承。"林风摄

2.按表现形式分

（1）写实性广告。写实性广告画面传递的是直观的商品信息。是什么拍什么，卖什么拍什么。其特点就是客观地再现商品的风貌，实在、清楚地传达商品形象，让消费者和潜在的客户了解和认识商品。

写实性广告适用面极广，多数具体商品的广告，都可以应用写实性特点来制作摄影广告。它的缺点是表现直白，言尽意尽不留联想。

（2）写意性广告。写意性广告往往不直接传达商品的信息，刻意隐藏所要表现的主题，或者仅传递一些抽象的信息，或者表达与主题相关的陪衬关系，让读者通过画面的引导去思索和理解，从而挖掘或破译画面曲意表达的主题，让读者更具新奇感，进而加深记忆，并接受广告所表达一定的理念，达到影响视众的目的。

写意性广告需极富内涵和不断创新，因而很多写意性广告不得不借助后期手段来完成。而今天ps手段使写意广告的制作变得方便、简单、切实可行。写意性广告对画面设计有很高的要求，创作和制作都会有不小的难度。写意性广告适用于大多数产品的范围。

3.按传媒载体分

由于摄影广告的使用载体不同，其创意、制作也会有所不同，应该加以区别。

（1）报刊类。鉴于报刊类时效性较强，刊用期寿命较短，因而报刊类广告制作周期会短，故不适合大型的、耗费高的摄影广告。而且部分此类广告多以黑白印刷，制作时应特别注意广告的黑白效果。

（2）招贴类。招贴类摄影广告包括户外大中小型广告牌及印刷品招贴广告，相对工作寿命较长，受众较广，如有良好的创意和精美的制作，使人“百看不

图8—11 三星手机广告用同一型号的多只样品，多角度地反映商品的外观造型及产品部分特点。摄影网

图8—12 皇冠牌伏特加酒是至真、至清、至纯的品质。酒质既纯又烈，犹如羊狼共存，广告以此为喻，恰好体现了其产品的特点。

吉利金鹰53800元起

吉利金刚52800元起

成都吉利汽车超市有限公司

热烈祝贺四川一汽贸易有限责任公司

荣获一汽-大众08年度全国最佳经销商

四川一汽贸易有限责任公司

“龙”家乐·踏春游

图8—13 报刊是广告的重要媒体，商品的海量信息使报刊不断扩版承载广告，有的日报因此而扩至108版/日。

图8—14 一汽海南马自达招贴广告 选自一汽广告

庆”，印象极深。这类广告工作环境恶劣，风吹霜打、日晒雨淋，还应加强对材料的选择。招贴广告应在广告内明确注明“主题”、“时间”、“地址”、“联络人”、“联系电话”、“网址”等内容。

（3）网络类。近年来网络以雷霆万钧之势迅猛发展，其中自然包括摄影广告，电脑与数码相机同出一源，因而与其他门类广告相比，大有无可匹敌的优势。2005年前后，网络媒体的广告额每年以平均80%以上的增速上升。网络提倡了一种快速的、轻浅的阅读方式，给读者带来方便和浏览的愉悦，同时也带来了浮躁的认识。据此用于网络媒体的摄影广告，应适度适应人们的“浅阅读”方式。该类广告大都运用摄影的最大强项手段，采用记录式的方式或写实性的方式来参与海量般的网络媒体广告。

图8-15 网络媒体广告 原文“热卖彩钻高跟鞋手机挂链 促销价：19.9元”

图8-16 网络媒体海报式广告自然保持“浅阅”风格，制作随意粗放。淘宝网下载

4.按拍摄特点分

摄影广告必须通过摄影手段才能完成，拍摄过程中广告对象的特性对拍摄有不同的要求，同类广告对象的要求会是接近的或相似的，因而按广告对象进行分类，会方便拍摄或制作，并会形成这种分类的法则，其中比较重要的就是场景或用光的规律性来分类。以用光特性分类举例如下：

（1）玻璃器皿。玻璃器皿大都光洁透明，拍摄时应着重表现这个特点。

（2）磁器。磁器光洁圆润，有强烈反光斑，拍摄时一般不宜直射投光，避免反光斑点影响画面。

（3）金属。金属物的表面色彩类别较多，光泽度差异很大，要根据具体对象特性而定。光泽度较高的金属对象，在拍摄时宜用反射光及散射光照明，并专用小功率光源，点缀出金属物“高光”，以表现其金属质感。

（4）饰品饰件。饰品饰件均属小型物件，一般情况，可以按散射式布光，避免强烈投影，同时应备有多种颜色背景，以便选用。

（5）房屋类、汽车类、家具类、洁具类……按此分类，可以分为很多很多，甚至可以无限分下去，自然无法逐一介绍，只是说明这是一种分类的方法。

其实在分类中我们还可以根据需要，进行其他类别分类，例如：战略性广告与战术性广告、模特儿广告与非模特儿广告等。我们可以仅从摄影广告的分类，看到摄影广告的宏大，看到摄影广告深入人类社会生活的程度，以及对社会进步的推动作用。

图8-17 逆光造型使画面更加优美 林风摄

图8-18 背景光造型更能表现透明体的质感 林风摄

三、广告的创意

广告创意其实就是广告设计，只是更强调创新立意为本。在摄影广告创意中，更应该以发散性思维方式，调动摄影的一切独特语言形式和制作手段，设计出独具风采的表达形式和新颖的画面。应该说摄影广告创意的目的就是求“新”、求“意”。新，指新形式、新风格、新思路；意，指意境明朗、深远、含蓄。

摄影广告制作过程中最重要，并且将影响到最终效果的就是广告创意这一环节。摄影广告的创意，决定着该广告的生命力、生存力。

广告摄影既不同于新闻摄影（以最纪实最快捷的方式传递信息），也不同于艺术摄影（可以采用很随意的方式制作照片），摄影广告的最终目的是以传播商品信息和意念为主要动机，去迎合消费者情趣，达到促销的目的，具有明显的功利性。这是广告摄影的根本所在，广告创意应以此为出发点。

摄影广告创意，当然应遵循一定的设计法则。这些法则应该涉及商品生产的全部信息以及关联信息，也应该涉及广告生产的全部要素及关联要素，内容是十分广泛的，但商品立命之本是市场，所以广告创意的根本原则是围绕市场而进行的。根据很多摄影广告的成功经验，加以梳理，归纳为以下几点：

1.准确定位

创意之初首先是准确给广告进行定位，广告摄影构思和创作讲究定位与定向设计，综合产品的相关信息，明确其受众对象、受众范围、经济指标及目标位置等。给广告做出符合逻辑的定位，在定位中确定广告表现形式，“新”到何种程度，“意”到何种深度，是创意成功的保证。在社会营销观念已经形成的今天，定位是否准确将直接关系到广告的成本和成功率的评估。

广告是商品竞争的前奏，因此，策划人的思维和技巧必须先于或者同步于各种商业因素的变化，准确定位才能有的放矢，才有新可创。

2.理解消费

在进行广告创意中，策划人必须深入社会，体验商品使用，走访回馈反应，从消费者的角度去确定一个创意的概念。在实际生活中，有不少消费者是通过对广告创意的满意度、对广告宣传商品的选择性来参与广告活动，进而实现消费的。因此，创意应充分理解消费心理，“投其所好”，使其有贴心合意的感觉。优秀的广告作品，就是最好的促销员。

图8–19 以白领女性为主要消费对象的娃哈哈“营养快线”广告 娃哈哈广告

图8–20 LG手机是最早树立女性专用旗号，把手机功能延伸到时尚配饰领域，并取得巨大的经济收益。LG8180投女性所好，直接使用女性模特儿展示其“极致魅力”。LG广告

3.力创独特

摄影广告创意应具独创性。摄影手段在人类社会中是独有的，摄影的产品本身就是独特的，不同于其他任

图8—21 《成都印象》是什么，是高贵富丽，是古朴典雅，是悠然自得。林风摄

何艺术门类和技术门类，在这种基础上策划人进行摄影广告创意时更应充分运用想象力、直觉力、洞察力，以任何一种有效的方式，以全身心的智慧和思维来加强摄影广告的独特性甚至唯一性。创意是广告诸要素中最有魅力的部分，获得了独特性，就向成功迈进一步。或者是创意思想的独特，或者是表现手法的独特，或者是表达意境的独特，或者是销售主题的独特。物以稀为贵，总之，独特就是与众不同，容易让人享受新意。

4.畅想思维

创意是思维活动的赛场，创意的竞争就是思维创新的竞争。摄影广告创意活动充满现实与虚幻、真理与荒诞、幽默与讽刺、具体与抽象之间的碰撞，策划人应该敞开思维的闸门，充分发挥想象力，用最大胆、最异想天开的方法去思索广告创意：或“夸大其词”，把夸张用到极致，大至可信而不可能；或“比喻离谱”，把毫不相干的事捆绑一块，让人可比而不可即。

畅想就是创意的前奏，几乎所有的优秀广告都起始于对产品的畅想。策划人利用丰富的想象力，使产品主题以别开生面的姿态在消费者脑中留下深刻而难以磨灭

图8—22 福特牌汽车广告把两件不相关的事结合在一起，让行驶冰雪的人们相信它的抓地能力。Ford广告

的印象。也使广告本身更生动、更可信、更有说服力。

应该注意的是，所有广告的本质也是商品，而商品的属性就决定创意想象力和创造力又不是无节制的、荒谬的，它还必须遵循一定的规律，掌握适度的分寸。

5.运用技巧

摄影广告首先必须是一幅优秀的摄影作品。广大读者是极具有欣赏水平的，好东西自然会引起他们的共鸣，提高他们的兴趣，得到他们的认可。这是起码的标准。真正取得成功，起码是不够的。很多成功摄影广告作品，都借用了“技巧”手段，在制作中特意添加摄影的处理办法，在带给读者新意的同时，也驾驭了读者的思维路线，从而实现对读者的征服。

摄影广告的技巧，在很大程度上是摄影语言的强化或拓展，更多的不在于高难度，而在于巧妙之处。

其次，摄影广告比一般的艺术摄影更加需要丰富的技术和技巧，这种技术和技巧是建立在如实地表现商品美感的基础上，因为商品的美感直接来自于商品本身的功能，如实地反映出商品的美，技巧的融入提升了商品的美感，在某种程度上也就同时体现了商品的品质和功能。

四、广告文字

广告文字是摄影广告必不可少的内容。广告文字包括以下两方面的内容。

1.广告词

配用精辟文字对摄影广告进行说明，加强读者对图片的深入理解，也成了摄影广告的规则。所谓广告词，就是用最少的文字组合，或一句话、或一组词、或一个字，来高度概括图片所想表达的意境，引导读者对广告内涵理解。如果是商品广告，则偏重对产品品牌的突出，吸引观众心神，深化品牌形象。

好的广告词在广告中起到画龙点睛的作用，使得广告词在广告中享有极高的地位。读者也非常看重广告词，有时甚至忘记了画面，广告词还能朗朗上口。广告词应包含极为丰富的文学性，或直言呐喊直奔主题，或含蓄委婉留人联想，或谐音谐意盎然成趣，或凛然正气恒言警世等多种风格，在实用中应择其宜而用，择其优而使。广告词与画面成为摄影广告的一双腿，相互支持相互补充，精彩的摄影广告往往会表现出词中有画、画中有词，词与画交相辉映相得益彰。

图8—23 耐克广告组图使用全球各大洲人种美女模特儿，而广告成品用“去色”处理，女模特儿都改用黑白表现，保留鞋的色彩，不仅突出商品主题，也赋予广告新意，成为广告史上经典之作。NIKE广告

图8—24 5·12地震后《人民日报》的整版广告词广告

广告词是如此重要，甚至重要得可以离开画面独立成行。到这个时候，它变得已经不是“摄影广告”了，仅此可以反证广告词的重要。

人们已经感受到广告词对企业广告的巨大影响，优秀广告词给企业回馈的滚滚财源，让人叹为观止而又屡见不鲜。例如：早年美国柯达公司卷轴式胶片问世的时候，它不仅结束了摄影必须现场制作感光底板的麻烦时代，又因它响亮的广告词给人们带来震惊：“你只需按下快门，余下的事我们来办！”经过数十年努力，柯达公司做到了在世界每个角落都会有产品销售，并长盛不衰。柯达的这个广告豪言，最终把摄影胶片成功推向世界巅峰。

我国改革开放后，广告词的观念渐入人心，不少企业运用广告词作为商场战争的武器取得了成功。例如：“喝了娃哈哈，吃饭就是香”、“农夫山泉，有点甜！”带给企业的是一蹴而就的成功；“送礼还送脑白金”帮助企业力挽狂澜起死回生。这些都成为广告词的经典。

社会也越来越看重广告词对产品、对品牌、对企业的影响，甚至已经不满足某个广告公司的“独家见解”，而不惜花费巨资征集天下第一词，那真是视广告词为“一字千金、字字珠玑”。如今，随着企业对品牌传播概念的深入理解，对优秀广告词奉若神明的心态日益加深，促使广告词已发展成为全民参与的创意产业，每年都会有地区性、全国性的广告词征集活动；也有地区性、全国性的广告词比赛活动，其结果是催生不少广告词的传世之作问世，更有意义的是，大批的广告词喜好者都参与其中。

2.自我文字

摄影广告的目的就是介绍自家，就是介绍自家产品。“自报家门”就成为摄影广告不可缺少的文字内容。“自我文字”包括：公司名称、产品名称、注册字符、公司地址、电话号码、网址、联系人等信息。

文字加入画面时，不能简单化，字形、字号、字色应与广告整体相呼应，以加强广告的视觉效果。

五、摄影广告中的摄影技术的要求

1.完美的质量

摄影广告中，摄影担当广告的主角，摄影作品的艺术质量和技术质量必须达到高质量水准，甚至达到高度统一。在制作过程中任何环节都一丝不苟，保证作品从构思、用光、构图、配词等所有环节让人“无懈可击”，让读者喜闻乐见，从而感到信服、满意，无可挑剔。

2.可靠的设备

可靠的设备是摄影广告制作的保证，选用单反数码相机为宜。单反数码相机有较高的拍摄品质，可操控性强、像素较高，色彩还原好、成像品质佳。单反数码相机高、中档都配备专业的镜头，专业镜头的镜头分辨率、图像失真度、色彩还原、通光能力、耐用性都是较好甚至最好的。

在照场拍摄时，便于光线造型。照场中常配用常亮型光源和闪光型光源两大类，前者光照显示直接便于观察，后者瞬间闪亮成形，如果作为摄影专业工作，需要有一定的闪光灯基础，一定要把闪光灯学好用好。

拍摄广告作品时，应尽可能使用三脚架，至少可以提高照片的“锐度”等级。

3.准确的画幅

拍摄时画幅取舍应一次到位，最好不用剪裁，若拍摄画幅与使用画幅不同时，剪裁应以不损失或少损失有效像素为前提。

第三节 ///// 风光摄影

什么是风光摄影？风光摄影是以自然风光或人文景观作为拍摄对象的摄影活动。由此可以看出，风光摄影的表现对象范围是极为宏大的，包括了各种自然形成的山岳、江河、森林、沙漠、湖泊、海洋等数不胜数的自然风光，也包括了在人类生存和发展活动过程中，创造积淀而形成的宫殿、庙宇、都市、民居等人文景观。

一、风光摄影的对象

风光摄影的表现对象犹如风光摄影的使命一样，囊括了构成自然风光或人文景观的几乎举目之下无所不包的内容。从自然风光看，日月星辰、山川溪流、大江海洋、风雨雪霜、红枫绿叶、春夏秋冬等统统都是风光摄影的对象；从人文景观看，长城运河、宫殿庙宇、石刻壁画、民居宅院、廊桥亭榭等也都是风光摄影的对象。

风光摄影既可以拍摄宏大的景观，表现雄伟壮观的场面，也可以选取景物局部，拍摄小品画面。只要是运用以景抒情的方式进行的摄影创作，都可以看做是风光摄影。在风光摄影中有时也有人物、动物活动其中，在画面中一般处于次要地位，起到点缀画面的作用。

风光摄影从来就深受摄影爱好者追求，因为风光摄影能让我们感受大自然的神奇魅力，以及体验人类创造性的伟大。风光摄影以其特有的艺术魅力，极大地丰富了我们的精神世界，因而是人们参与性最广泛的一项摄影活动。

二、风光摄影的价值

风光摄影是摄影活动中参与最广泛的一项活动，是人们对风光的热爱的体现，这些自然的、人文的景观，以最集中、最精华的表现形式，展现自然之美，展现人类智慧之美。所以很多人对亲历这种美的沐浴表现出极高的兴趣和热情。

A.亚当斯是美国的一位杰出的艺术摄影大师，被尊崇为20世纪最卓越的风景摄影家。亚当斯在漫长的摄影生涯中，他始终对风光无限的美国加利福尼亚州约塞密提怀有特殊的感情，每年都要专门去那里拍照，约塞密提风景是他创作的不竭源泉。有趣的是，随着亚当斯拍摄的富有诗情画意的约塞密提风景摄影作品的不断面世，不仅使亚当斯获得了“约塞密提大师”的声誉，还给约塞密提带来千百万慕名而来的游人，而且促使了美国国会在1916年通过了《国家公园法》，开辟约塞密提为国家公园。风光摄影艺术发挥了如此显著的社会功能是亚当斯始料不及并引以为荣的。约塞密提国家公园因大量的风光摄影作品举世闻名，直到今天仍是游人如织，经久不衰。但不得不提到的是，亚当斯在约塞密提的风光照片中，始终贯彻自己的小光圈的艺术风格，以获得较长的景深和极好的清晰度，这是他推崇的风光摄影手法，他的作品被推崇为纯摄影派典型。

图8-25 亚当斯拍摄的约塞密提的蛮荒、廓大、宏伟景象，为人们打开了一个崭新的审美天地。

风光摄影开辟风光旅游胜地，在世界各地屡见不鲜。特别是在摄影产业发达的今天，我国的许多经典胜地都经历过同样的过程。例如四川的九寨沟早以优美的风景名震中外，对九寨沟奇异风景的向往已经成为中外旅游者的夙愿。但在以前，同样是今天青翠的森林、清纯的湖水，却处在深山人未识。70年代，一批摄影家开始关注九寨沟，他们背负着沉重摄影器材，翻山越岭不辞辛劳，在各个不同的季节拍摄了大量的优秀风光片，并见诸报刊，才使九寨沟的秀美风光和九寨沟的民俗风情展现于世。随社会的变革，物质生活的改善，人们对去九寨沟的旅游趋之若鹜，终在80年代初正式成为旅游胜地，对世人开放。从此，九寨沟得以飞速发展，成为四川省最具代表性的旅游产业。2000年评为中国首批AAAA级景区，1992年12月14日，经联合国教科组织世界自然遗产委员会列入《世界自然遗产名录》，声名显赫，举世瞩目。大批中外游客的前往，给九寨沟及沿线带来无限商机，促进了交通通讯、餐饮住宿等社会经济的巨大发展，围绕九寨沟旅游开发的主题，无数行业、无数地区、无数的参与者得到腾飞的发展，有的甚至一飞冲天，遥不可及。例如沿途交通，不仅为它专门修建了高等级“九环线”公路，修了飞机场，直通铁路（成兰线）也在修建之中，单就这些交通的修建和运行，就会给国民经济带来提升和发展。从开拓者们背负着摄影器材走进“九寨沟”，到今天成千上万的游客也拿着数码相机进入九寨沟，风光摄影带给人们快乐的同时，也造就了“九寨沟经济”的神话，那些开拓者功不可没。凡去过九寨沟的旅游者，去前充满憧憬希望，去后满怀留念追忆，常常会去“复习”九寨沟的风光影照，久久不能释怀，甚至终生难忘。美丽的自然风光，不仅能熏陶人的艺术气质，还能净化人的心灵，这就是自然风光带给人们的精神享受，无与伦比。

自然景观和人文景观是人类的宝贵财富。中国幅员辽阔历史悠久，更有丰富资源。仅在我们现在熟悉的中国风光胜景中，张家界、丽江、稻城、泸沽湖、漓江、峨嵋、武当等，以及故宫、长城、兵马俑、布达拉宫、奥运鸟巢、三圣乡农家乐……无一不是从图片的传播中深入人心，而后举世闻名。也无一不是从追逐胜景的拍

图8–26 《传说》（九寨沟长海老人柏）方维源摄

摄中得到满足，而后又在亲历的回放中得到享受。

自然景观和人文景观是人类的宝贵财富。中国幅员辽阔历史悠久，更有丰富资源。没有被发现、没有被认识、没有被开发、没有条件去开发的自然景观和人文景观还有很多很多。已经开放的各类特色景观，还有绝大多数人没有去过，对风光的欣赏和对风光摄影的追求，永远没有止境，对风光摄影宣传和普及，我们任重而道远。

三、风光摄影的器材

一般来说，对于拍摄场面浩大雄浑大气风景来说，相对稳定性较高，固定性较强，拍摄者可以有充分时间去思考和现场准备，甚至试拍，所以风光摄影有别于其他摄影，它所追求的是唯美结果。在器材的准备上，为了获得出色的视觉效果，相机选用应尽量地使用CCD尺寸较大、像素较高、光圈可以收缩得很小并具有广角镜头的数码单反相机或准专业数码相机进行拍摄。这是因为当前最好的数码相机的成像质量几乎接近前135胶片相机的成像质量，可以适应小型画幅的放大，勉强可以推到中型画幅的放大（如24～48英寸），再大就不太适合了。

制作印刷巨幅风景图片时，一般数码相机是相形见绌无能为力的。在胶片相机时代，就是用最好的王牌120机（画幅6×6厘米）也不能对付，而是使用配有4×5英寸单页底片或8×10英寸单页底片的座机进行拍摄的，原因就是可以获得较大的原底，制作时可减少原底的放大倍率，保证印刷品的精细品质。随着数码技术的发展，以前胶片相机中的各品牌顶级机型配有数码后背，虽可以获得与120底片同品质的数码文件的电子底片，但价格昂贵少有问津。

拍摄风光片最好选择单反类相机拍摄的原因在于，除了这些相机像素高、镜头的解像力、图像失真和畸变控制、色彩还原、通光能力都是最好的外，还可以获得f值小于11的小光圈镜头值，这是拍摄风光片首选备用的光圈值。而大多数普及型数码相机只有f/2–f/8的光圈值，景深像场效果及成像品质会稍逊一筹。

除了对风光片的景深表现的追求，风光摄影师常常会以广阔的视野来表现雄浑气概，以宏大的场景来表现绵延壮丽，最常使用的是广角镜头。同时，广角镜头也会获得较大的景深，这为获得更为细腻而清晰的图像细节增添了保障。

广角镜头也是获得大视场角的必要保障。除了对风光片的景深表现的追求，风光摄影师常常会以广阔的视野来表现雄浑气概，以宏大的场景表现绵延壮丽。最常使用的是广角镜头，同时，广角镜也会获得较大的景深，这为获得更为细腻而清晰的图像细节增添了保障。

风光片的拍摄，不会全都是大而广的主题，往往也会有许多的小品小趣之作，如那些“枯藤老树昏鸦，小桥流水人家”的小场景，也会令人心旷神怡、拍案叫绝。所以在拍摄对应器材的准备的时候，小视角的长焦镜头也是不可少的。

三脚架在风光片的拍摄中是不可省略的。由于在风光拍摄中常使用很小光圈，曝光时间会较长，往往需要固定在三脚架上，这样可以获得景深和“锐度”都很高的图片。

四、如何拍摄风光摄影作品

1.拍摄点的选择

拍摄点的选择和确定是风光摄影作品需要首要解决的事。

拍摄点的确定，等于基本确定作品的规模和风格。拍摄点会给作品创建新视点。这个新视点应该赋予视点创造性，首先应该从不同视角观察被摄主体，选出最具表现主体的特色，让作品会留下深刻印象，使人过目不

图8–27 晨曦及傍晚可以获得丰富的色彩效果

忘。拍摄点的选择的操作，仍然围绕景别、方向、角度三要素来考虑。

2.拍摄的光线运用

没有美妙的光线就没有风光摄影。客观存在的风景如果让人亲历其间，它的空间感、三维的演绎变化感，以及任意选择的视觉操控感，会带给摄影人亲切感，都会使人有深刻的记忆。而当用摄影来记录或传递这一信息的时候，就大有不同，这必须是景点中最优秀的场景，除了选择最佳拍摄点外，还要着重考虑光线在作品图片中的表现。风光景色很好，但没有梦幻光线的衬托，拍摄的图片最终流于平淡。醉心于风光摄影的爱好者，总结出容易“出片”的时间段是每天日出、日落前后30分钟，这是一天中光线最好的时候。这是因为一是太阳距地平线不远，光线射入角度较小，太阳可以直接进入画面，形成风光的表达语言。二是这时色温较低，画面呈暖色调，色彩显示会更加丰富。三是天空常有丰富的云彩变化，朝霞、晚霞对图片画面有较大的渲染作用。除开早晨傍晚，风光照片拍摄得成功与否，与光线运用是否得当有很大关系。因此，熟悉光线在景物上的一切变化，是拍摄风光照片的一个重要问题。当观察到光线的最佳方位时，应像猎人一样，耐心等待这一时刻的到来。

3.前景、中景和后景的运用

前景：如果要表现画面上的透视、立体感、纵深感等，前景是非常重要的了。如果是早晨或是阴天，前景色调则较深，以平衡或夸张色调为目的。但是如果有阳光，前景的构成应以色彩形态为主，以加强色调的对比和点缀为目的。前景往往是令人注目的，所以前景之处理是非常重要的。有些风光图片是在后期才加上前景，也是为了加强风光照片的表现力。

中景：风光照片的主体常放在前景与中景之间，所以中景的处理亦非常重要。有些照片的主体则在中景，这是色调变化的中心地区，运用前景和远景作为中景的陪衬，更能达到表达主题思想的目的。主体位置放在中间的左或右侧为宜，这样避免呆滞较为活泼。

远景：远景的作用是将风光的景物扩展开，使能达到烘托意境的气氛，加强画面的美感，增加人们的想象力和感染力，远景的色调以浅色调的居多，中色调和深色调也有，相对较少。

4. 风光摄影的季节及天气

除了学会构图、选择拍摄角度以外，选择合适的拍摄季节与时间也是风光摄影爱好者必须考虑的问题。因此，当你准备外出旅游进行拍摄的时候，最好在外出前上网收集一些当地的资料，以了解在什么季节前去拍摄最好。另外，在一些风景拍摄地，选择合适的拍摄时间也是非常重要的，一般来说，正午阳光在头顶，没有斜长的阴影，比较适合拍摄大场面的风景。而到了早晨和傍晚，朝霞和夕阳的余晖则会为你所拍摄的风景提供不同于其他时段的色彩效果，这时候进行拍摄也是个不错的选择。另外，对于湖泊和海洋，夜晚在有月光或灯光的情况下进行拍摄，则能得到白天所不能得到的图像效果。

图8–28 泰山望人松 王小春摄

5.风光摄影的构图

风光摄影的画面构图是十分重要的，它依然可以用本书构图章节中提到的手法去应用，但仅此是不够的，真正要拍好风光片必须深入学习构图的美学原则，进行自由运用和发挥，使之赋予构图的创造性。作为基础风光摄影，应该注意几个基本构图的原则：

(1) 平衡。画面的布局尽量应该做到平衡。画面采用对称当然平衡，如不对称可尽量在非对称式中布局均衡，或借用诸多手段如影调、色彩、前景等关系平衡画面。

(2) 对比。画面布局应尽量采用对比。对比无处不在，但并非所有对比都会引起注目。风光摄影中应调动诸多可以进行对比的元素，形成对比的条件，以造成画面形象的鲜明。大小、高矮、明暗、影调、色调等都是对比的常用手法。

(3) 重色。注重画面色彩关系。其他摄影类型，在色彩关系上，一般要求色彩的还原，而风光摄影的大前提是唯美，所以风光摄影的图片色彩

图8–29 羌寨碉楼 方维源摄

应根据主体关系予以强化，渲染气氛突出主题。自然风光摄影尤为如此。

6. 如何评价风光摄影作品

前人云“诗言志”或“曲吐心”，是各种艺术门类的表达目的，不仅是表现本身的特质或技巧，而更主要的是表达其心声。今天我们从形态到意境的角度，对风光摄影作品划一个大致的级别层面。

（1）记录级：摄影者主要是对风光现场进行记录式摄影。摄影者的任务主要在记录风光景物本身的结构色彩，以表现风光类别的特质。例如，去泰山摄影，泰山有诸多的独特自然风光，为“五岳之首”，两千多年悠久厚重的历史，造就摩崖碑碣数不胜数，庙宇观堂满山遍布的人文景观，使它当之无愧地成为中国《世界遗产目录》之首。当然要拍泰山最具特质的风光，天柱峰、日观峰、百丈崖、仙人桥、五大夫松、望人松、龙潭飞瀑、云桥飞瀑、三潭飞瀑等。另外，泰山要看四个奇观：泰山日出、云海玉盘、晚霞夕照，黄河金带，由于知名度很高，前去拍摄的人众多，大多数拍摄者都以记录为主，以表达风景的特质为主，但它仍然可以完美地传达拍摄者的主观信息。

（2）表现级：在风光拍摄中，能够对风光景物对象进行筛选，准确进行摄影语言的运用，并调动摄影一切构成因素，强化某一种或几种摄影手段，在构图用光上表现独特，使所拍风光景物具有突出的形式美，形成技术上比较独特的个性特征。这类作品的表现形式，或重在光线的利用，以不同于常见光源的新奇展现风姿；或重在构图形式，以世人常有的审美角度去表达审美观点；或重在色彩表情，以现实色彩升华，去震撼读者的心灵。凡此种种，都是以作品的表现形式为手段，去创造风光摄影作品的形式美。

（3）创意级：风光摄影中，有的作品重在寓意。它已经不是普通的记录或不单独追求表达的景物的形式美，而重在表达拍摄者的心声，反射出他们的内心独白，创立意境，唤起读者共鸣。大凡作品能跨入创立意境级别的，摄影者本身对构图用光的功夫已经很具功力，能熟练驾驭摄影的诸多手段，并且在实践中开始关注主观创造性，利用丰厚的文学底蕴，在现实景物关系中运用象征、联想、比喻、夸张、对比等手法，去形成自己独特的审美感受，创造属于自己内心世界的影像立意风格。

图8-30 《国魂》作者通过巧妙构思和娴熟的用光技巧，热情高歌长城雄伟，表达强烈的民族精神。鲍昆、凌飞、李川摄

[复习参考题]

◎ 新闻摄影的定义是什么？
◎ 为什么说真实性是新闻摄影的生命？
◎ 为什么新闻摄影要求拍摄正在发生着的新闻事实？
◎ 为什么新闻摄影应突出视觉冲击力？
◎ 举例说明新闻摄影的体裁可以是单幅或多幅。
◎ 怎么理解新闻摄影的表现形式是精美的照片和准确的文字说明相结合？
◎ 新闻摄影的评价标准是什么？
◎ 什么是广告摄影？
◎ 广告摄影可以怎样去分类？
◎ 为什么摄影广告创意强调创新立意为本？
◎ 摄影广告创意应该注意哪些方面？
◎ 广告文字包含哪些内容？
◎ 广告词在广告中起什么作用？
◎ 什么是风光摄影？
◎ 风光摄影的构图应重点注意哪些要素？
◎ 如何评价风光摄影作品？

第九章　数码摄影的常用后期处理

本章重点》

介绍几种常用后期处理的ps操作过程。

学习目标》

掌握数码摄影后期处理的基本方法。

建议学时》

8学时。

第九章　数码摄影的常用后期处理

数码摄影工作沿袭传统摄影分为前期和后期，以按动快门为分界线。之前，取景、构图、拍摄称为前期。之后，存储、剪裁、影调调整、色彩调整、打印等称为后期。所有后期工作除洗印或放大是可交商店进行外，其他都应自行在电脑上完成，才有助于清楚地表达作品的意图。数码照片的后期处理，必须依靠电脑软件进行，不少软件都有这个功能，例如看图软件ACDSEE、图片处理软件Photoshop等，下面是常用Photoshop进行后期基本处理的实例。

第一节 ///// 剪裁

在摄影工作中，剪裁是必不可少的程序。这是因为，其一，数码相机拍摄的图片画幅大多是3：4，这与传统胶片的2：3比例是不相符合的，而市场上的照片冲洗，仍然是袭用传统的5寸（127×178）、6寸（152×203）、8寸（203×254）等，在比例上也不能完全等同，或横向、或竖向都会被剪裁部分，才可能洗出照片。如是对图片没有什么严格要求，任由冲洗店剪裁，顾客也是默认的。有时图片本可以保留的部分被裁掉，事后只有遗憾。所以冲印之初把所需画幅裁定，是普通摄影者的必需的最后工序。其二，摄影师在前期执行拍摄时，按理想要求是对后期剪裁一气呵成，在取景完成构图时对画面的剪裁同时完成。但是很多时间，拍摄时会有很多的外环境关系和主观判断难以统一，不容易达到一次成像的理想状态，况且洗印照片前“审稿”时，还可以对照片的主题、构图形式再次进行确认，就可以通过剪裁来弥补实现，这就必须进行剪裁。例如，对某图片略施纵向剪裁就可实现黄金分割构图，对某图片稍施横向剪裁就可实现三分法构图，等等，这样会使部分图片因剪裁而重获构图生机。

因为剪裁使图片更具美感，但是以牺牲图片像素为代价，所以我们尽量不剪裁照片，必要的剪裁应以最大可能保持图片的有效像素为原则。

Photoshop中的剪裁工具是将图像中被剪裁工具选取的图像区域保留而将没有被选中的图像区域删除的一种编辑工具。

图9—1

1.规格式平行式剪裁

打开Photoshop，出现标准界面：上横排是操作菜单，左立排是工具栏菜单。

调入需要剪裁文件。

点击工具栏“剪裁”，上横排菜单会出现与剪裁有关方式、尺寸等相关项目（横排菜单不透明度指显示屏中保留画面与剪裁部分的透明度比例，可调到50%左右，“透视”为新老画面的几何中心）。

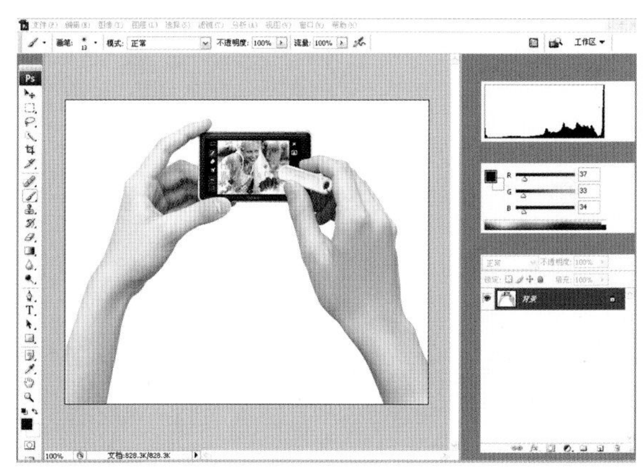

图9—2

点击左上三角形，会下拉出彩色照片的各种规格（彩色照片的5寸、6寸、8寸……），单击所选用规格→选出图片的保留部分→移动剪裁面到所需精确位置→按Enter键完成剪裁。

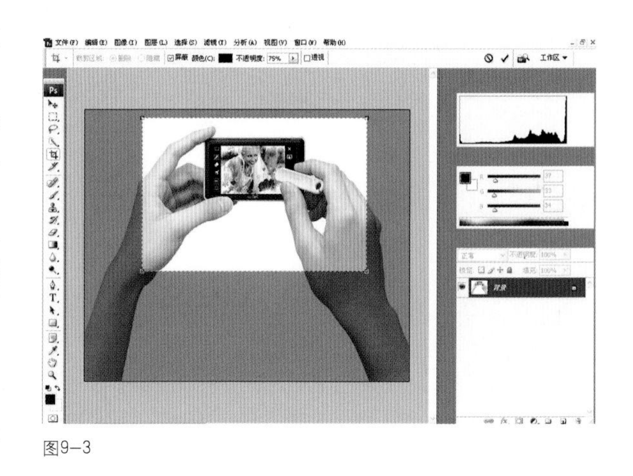

图9—3

单击宽度和高度间双向交换，（参看图9-1）可以改变横、竖关系。

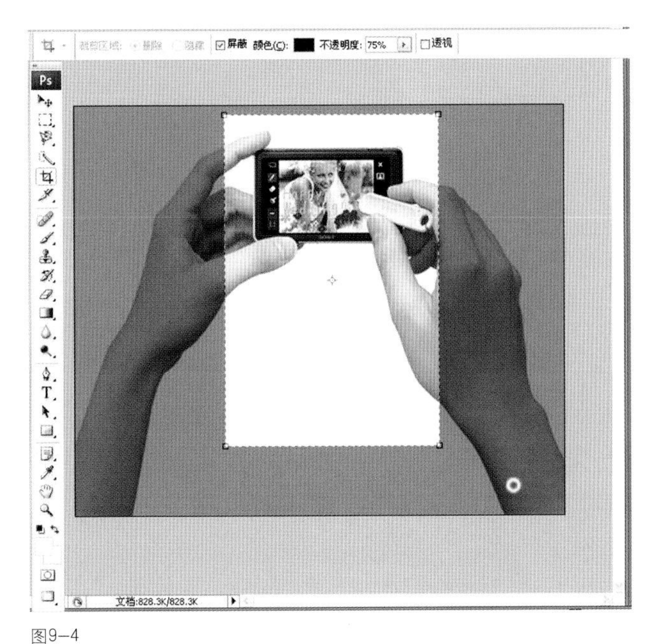

图9-4

2.任意式平行剪裁

点击工具栏“剪裁”，上排菜单会出现与剪裁有关方式、尺寸等相关项目，在.“宽”、“高”栏中输入具体长宽尺寸（或比例），输入时按英寸、厘米、像素为单位均可。在图片中拉出范围→移动剪裁部分到所需位置→按Enter键完成剪裁。

图9-5

3.斜裁

调入需要剪裁文件。

点击上横菜单栏“清除”，清除各种剪裁设置→按平行式剪裁选出图片的保留部分→拉动不透明区旋转符号，至所需角度→再调整图片中的四边剪裁范围→按Enter键完成剪裁。

图9-6

剪裁完成以后，单击“文件”→存储（不要原件）或另存为（保留原件）。为了保存原底，剪裁后的文件应用“另存为”方式储存。

图9-7

另存为→文件命名→“JPEG选项”对话框→确定。

图9-8

上图经剪裁纠正了拍摄时的倾斜，使画面更显平衡。

第二节 ///// 照片亮度调整

数码相机拍摄时，大多是按测光EV值执行曝光，图片的整体亮度或局部亮度不一定反映拍摄者的意图，这可以在后期进行调整。

一、调整照片的整体亮度

1.在Photoshop中打开要调整的照片。

2.点击图像→调整→对比度/亮度，界面弹出调整对话框。

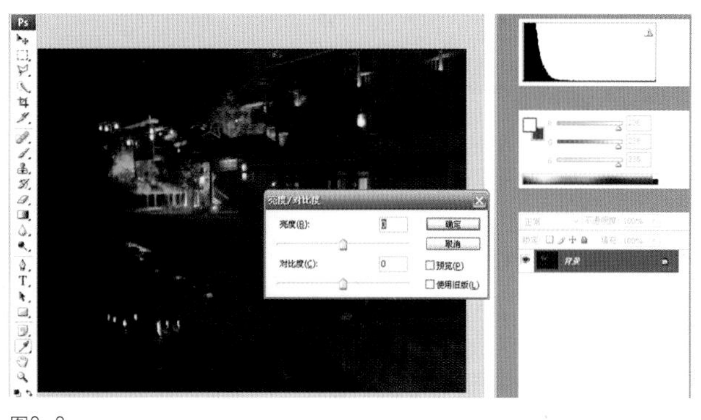

图9—9

3.调整亮度或对比度值，可预览结果。

图9—10

4.结果如符合调整要求，点击确定→存储为（任意命名）→完成。

二、调整照片局部亮度

1.在Photoshop中打开要调整的照片（图9—11）。

2. 用索套工具勾出需要调整亮度的部位（图9—12）。

3.点击图像→调整→亮度/对比度，界面弹出调整对话框（图9—13）。

4.调整亮度值，直观预览到满意（图9—14）。

5.结果如符合调整要求，点击确定→存储为（任意命名）→“JPEG选项”对话框→确定。

图9—11

图9—12

图9—13

图9—14

第三节 ////// 色调处理

数码相机在拍摄时，绝大多数是按白平衡时色温来记录色彩的，因为实现色彩还原，一般没有必要进行调整。但对于需要进行色彩强调或夸张的图片，色彩调整会加强图片的艺术性或观赏性。也可以对拍摄时“色温”设置错误进行后期纠正。

一、基调处理

色彩具有明显的象征性，不同的色调可以传达不同的感受信息。通过调整已经拍好的照片的基调，可以达到烘托或渲染主题气氛目的。

1.调入需要处理文件。

图9—15

2.点击图像→调整→色彩平衡然后会跳出“色彩平衡”对话框。

图9—16

3.可以按需要调节青色、洋红、黄色。调节时直接预览结果，非常直观方便。然后另存。

图9—17

图9—18

4.根据不同需要，可以分别对青色、洋红、黄色进行调整，新创出适合主题的冷色或暖色的基调。最后另存。

二、局部色调调整

有时并不需要改变图片整体基调，只需要进行局部调整，

1.调入需要处理文件。

图9—19

2.使用索套工具→勾勒改色部分（嘴唇部分）→调整“羽化”值20（0～40选定），图像→调整→“色相/饱和度”→引出“色相/饱和度”对话框。

在“编辑（E）”中选红色→调整“饱和度”（+40）→点击“着色”及“预览”，调节时直接预览结果，非常直观方便→确定。

图9—20

3.进一步放大图片指甲部分，使用索套工具→勾勒改色部分→调整“羽化”值0，图像→调整→“色相/饱和度”→引出“色相/饱和度”对话框→在“编辑（E）”中选蓝色→勾“着色”及“预览”，调整“色相”（255）→饱和度（20），调节时直接预览结果，非常直观方便→确定。

图9—21

另存为→文件命名→“JPEG选项”对话框→确定。

图9—22

4.完成调整后的全图。

图9—23

第四节 在图片中加入文字

在照片上方便地加入文字，是照片在数码时代特色，不仅可以在摄影广告中应用，就是在生活照片中，也可以作为辅助记录，例如在生日照上写上祝福语，在合影照上注明姓名等。加入文字可以这样操作：

调入图片文件→右键点击立排工具栏“T”→在弹出的菜单中选择文字排列方式（横排文字工具、直排文字工具或其他）。

上横列菜单出现有关文字输入的栏目：

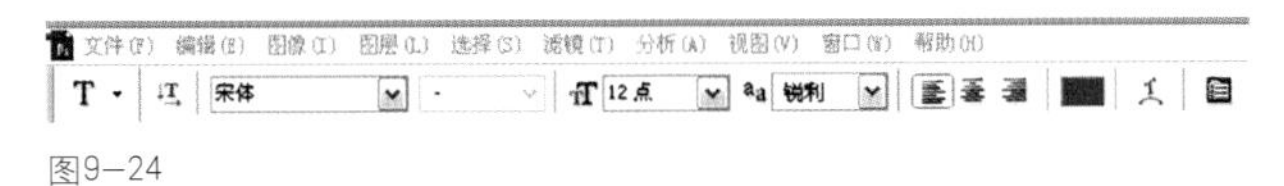

图9—24

可以从左到右依次进行设置：

选择字体→下拉出很多不同字体，单击选定的字体，下拉单缩回，字体确定。

选择字号→在下拉单中选择适合大小的字号（点）。

文字的排列方式：左对齐文本、居中对齐文本、右对齐文本。

文字色彩选择→设置文本颜色→在弹出的“选择文本颜色”栏中确定文字颜色。

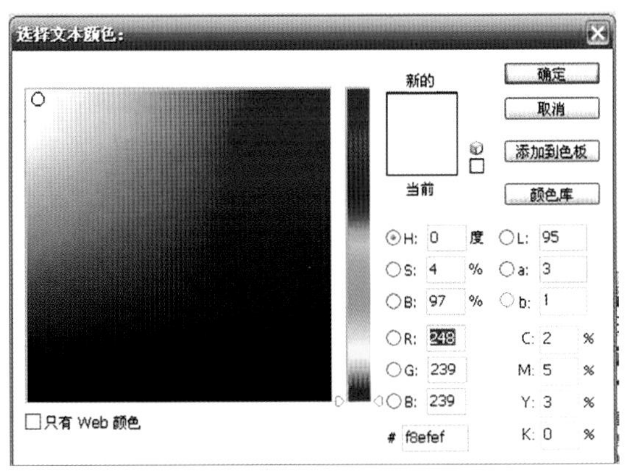

图9—25

在图片中框定插入文字区域的同时会自动增加一个图层1。

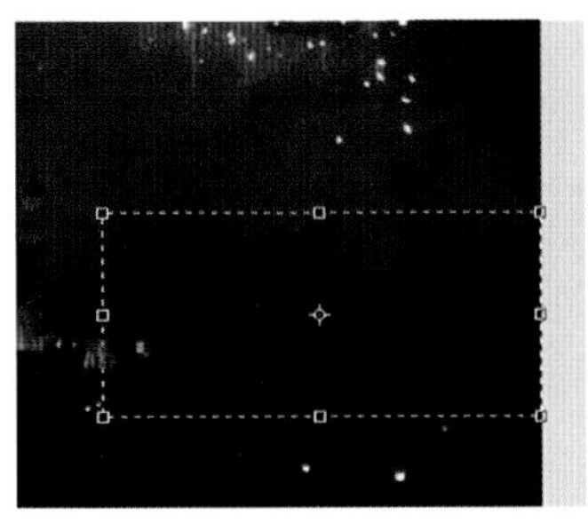
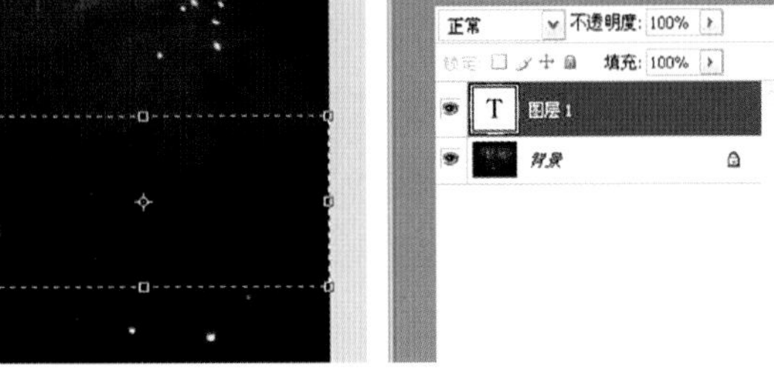

图9—26

输入文字内容→使用立排工具栏中“移动”工具将文字移动到设计位置。

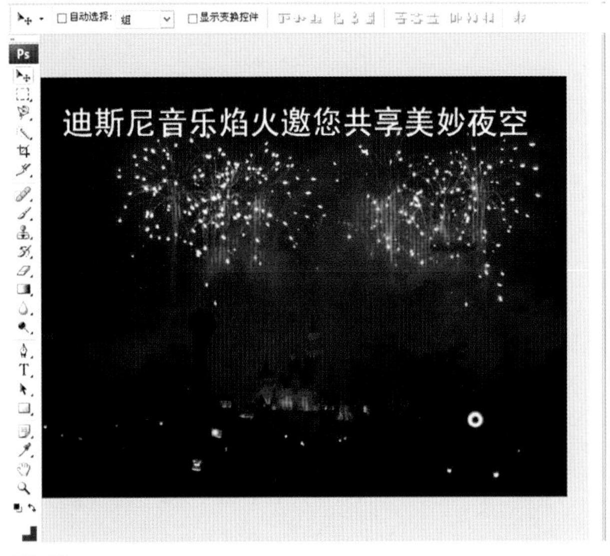

图9—27

不同组群的文字，可以再建一个图层，重新输入文字，移动到位，并可以更改文字字体、字号、颜色。

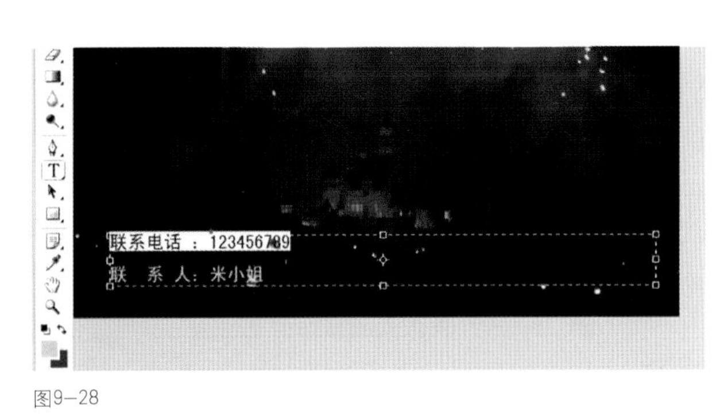

图9—28

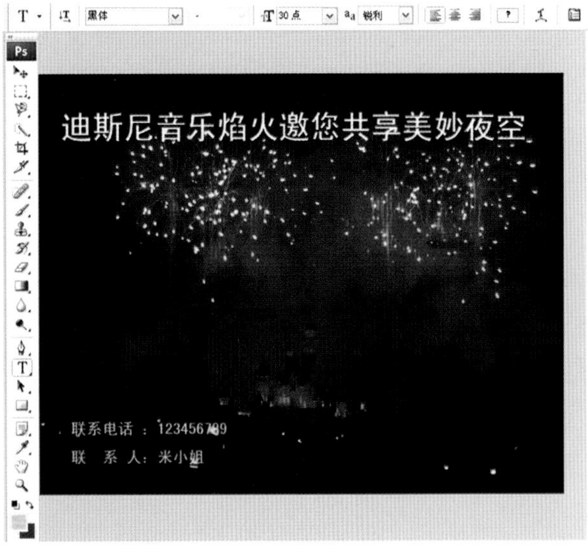

图9—29

如果已经确定文字加入工作已经完成，应该将原图片与文字固化合并，其步骤是：图层→合并图层。

如果不确定文字加入工作已经完成，就不急于原图片与文字固化合并，分层存储以后，备下次调出仍可继续操作。

文字加入完成后，可以在“文件”栏下拉菜单中“存储”（不要原件）或“另存为”（保留原件）保存文件。

第五节 去色

图片的“去色”，就是去掉图片原有的色调，保留图片的黑白灰阶，由彩色转为黑白。可以全图转换，也可以局部转换。

人的生命来到世间，从幼到老到终，所见都是色彩缤纷的彩色世界，他们太熟悉、太习惯。人们追求在艺术品中另一种表现世界的形式，不仅世界摄影大师亚当斯认为“只有黑白摄影才是摄影”，我们生活中的一些人也对“黑白”照片情有独钟，对于图片彩色演变出局部黑白，更感新奇。

数码相机可以直接拍得黑白图片，这在前期拍摄时可以在“色彩模式”中设置黑白模式，就可以办到。如果已经拍得彩色照片，也可在后期制作时，转换成为黑白照片。由于后期不能逆向实现由黑白到彩色的转换，所以拍摄时原始图片最好选用彩色模式，需要时后期转换为黑白，这会使原始图片具有黑白彩色两者兼顾使用范围。

一、图片整体去色

操作过程比较简单，调入图片。

图9—30

操作步骤：图像→调整→去色。然后另存。

图9—31

去色后的图片会引导读者用另一种方式去观察世界，使图片更具潜在美感。

二、局部去色

局部去色是保留彩色画面中部分区域为原彩色，其他地方去色转为黑白，使图片中产生黑白和彩色的对比，以达到更加突出主题的效果。

操作步骤：调入图片图像。

图9—32

选用“多边形套索工具”或“磁性套索工具”→框绘出图片中去色和留色的区域，注意区域必须首尾相接，首尾相接时光标处有小圆光标提示。

之后的操作步骤：1.选择→反相。2.调整→去色。然后另存。

由于去色处理技术会给画面带来新意，会更加突出主题，不少广告作品也是用这一手段进行创意，例如耐克鞋、法国浪漫酒等，都取得了很好的效果。

图9—33

在去色的基础上，还可以进行多种手段进行处理。

例如：继续进行色调分离处理操作步骤：调入图片图像→调整→色调分离。

图9—34

第六节 ///// 虚实处理

虚实对比是摄影的重要语言，后期进行虚实再处理，真是如虎添翼。在软件中，“虚”是以“模糊”来表述的。

点击“滤镜”选择“模糊”，模糊栏内包含：表面模糊、动感模糊、方框模糊、高斯模糊、进一步模糊、径向模糊、镜头模糊等多种模糊手段，下面我们以镜头模糊、径向模糊、动感模糊为例，说明图片处理时常用模糊手段的操作程序：

一、镜头模糊

1.调出文件。

图9—35

选用套索工具→框出保护区。

图9—36

2.点击“选择”→反相→滤镜→模糊→镜头模糊。

3.拉动对话框“半径”到适合位置→确定→另存。

用原片和经过镜头处理的照片对比，其结果是虚实对比更加强烈，图片画面更加突出人物，前期用卡片机（普通光圈值）拍摄的图片获得大光圈或长焦镜拍摄的结果。强化了画面主题表达，使图片更具观赏性。

图9—37

二、径向模糊

1.调出文件。

图9—38

2.选用套索工具→框出保护区。

图9—39

3.点击“选择”→反相。

4.滤镜→模糊→径向模糊。

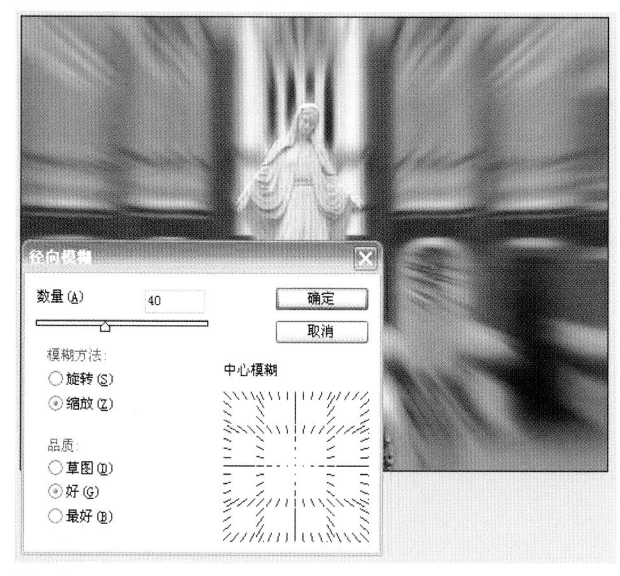

图9—40

5.在径向模糊对话框选缩放→数量（拉到30～50）。

6.在弹出“径向模糊”对话框中，点击“确定”。

7.另存。

图9—41

三、动感模糊

动感模糊是在模糊过程中，增加模糊区域的矢量关系，用模糊来加强动感。

1.调入图片文件。

图9—42

2.进行剪裁→进行斜裁。

图9—43

3.选用套索工具→框出保留区。

图9—44

4.选择→反相。

5.滤镜→模糊→动感模糊。

6.在弹出“动感模糊”对话框中设置动作趋势“角度”，这可用光标直接旋转出所需角度，旋转时直接预览效果，非常方便，本图设为（17）度。

7.在弹出“动感模糊”对话框中设置动作幅度“距离”，用光标直接拉出所需距离，拉动时直接预览效果，非常方便，本图设为（295像素）。

图9—45

8.在弹出“动感模糊”对话框中，点击“确定”。

图9—46

9.在JPEG对话框中选择“确定”→另存文件→完成。

可以看出经过剪裁和动感模糊处理的照片，更加突出人物，弥补了画面动态表达，使图片更具新奇感，也更具观赏性。

第七节 图片拼接

所有的数码相机都具有“拼接”拍摄功能，虽然发展趋势在于相机内自动合成，但下面的操作办法适合所有相关联或不相关联的两幅或多幅图片的拼接合成，了解是必要的。后期拼接的操作程序是这样的：

1.调出文件1、2（3、4）。

图9—47

如果调入图片1、2（3、4）后，不能同时显示多幅图片，应点击“窗口”栏→“排列”→“水平平铺”，便能同时显示多幅图片。

2.建立新图层。

点击“文件”→“新建”将出现新建图层对话框：

图9—48

这时新图层“图像大小”应为拼接素材图片长或宽的总合，所以在输入设置数据时应查看素材图片的“图像大小”，办法是：

点击素材图片1→“图像”→“图像大小”，记住宽度43.35厘米，高度32.51cm。

这时新文件图像大小应设置为宽43.35厘米的2倍86厘米，高32.51厘米。分辨率保持原有180像素/英寸→“确定”。会有三个文件同时显示。

图9—49

点击竖排工具栏“缩放”→“缩小”→素材1、2。并使三文件右下角显示比例相同（如同为8.33%），得到下图结果。

图9—50

使用移动工具分别将素材1、素材2移动到新文件的左边和右边，为简洁界面，退出素材1、素材2。

图9—51

使用移动工具，重叠合并画面，并点击“图层”→“拼合图像”，合并图层，锁定二合为一。

最后对图片进行剪裁。

图9—52

综合使用常用的如吸色、画笔、复制、粘贴、图章等手段对拼合图进行修补、完善，消除接痕，最后得图：

图9—53

图片软件是一门独立的学科。它对数码相机所拍摄图片的处理能力是十分强大的，图片处理几乎到了无所不能的程度，这是对数码摄影的延伸，这需要摄影人把数码后期处理当做摄影程序的一部分来学习，以上介绍的几种处理图片的办法，仅是对图片软件应用作了学习示范。

[复习参考题]

- ◎ 认识剪裁的必要性，并分别对20张照片进行6寸、7寸、10寸、12寸剪裁及斜裁。
- ◎ 正确把握照片明暗关系，练习把任意一张人像照片进行局部亮度调整。
- ◎ 练习把自选照片进行局部色调处理。
- ◎ 在照片作业中加入班级姓名文字。
- ◎ 认识“去色”强调主题的作用，自选照片进行局部去色。
- ◎ 认识虚实处理对加强主题的作用，自选照片分别进行镜头模糊、径向模糊、动感模糊。
- ◎ 拍摄两张同一景物的照片，取景时使之重叠1/3，练习拼接为完整一幅图片。

编后 >>

「一、本书编写遵循科学性、实用性、趣味性原则，对学科的理论性及系统性有所淡化。

二、有的章节内容理论相对较深，目的是保持其学科完整性，也留有关注空间，方便参阅。

三、由于专业、学时要求不同，实用时可酌情删除或省节，章节内容也可提前延后。

四、文中所涉数码相机的性能及操作应用时，多用中、低端数码相机进行举例。由于数码相机升级换代极快，文中所列数码相机品牌、型号或性能不一定仍是代表或典型，应随时酌情修订。

五、文中选用图例照片，仍有个别版权人未能联络通畅，烦请本书中所涉版权人回复联络，以便付酬。（联络信箱：FANWY@126.COM）

六、本书编写中承康大荃、程国英、高晓丽等诸位先生支持，特此鸣谢！

作者

2009年12月16日

」